JN041979

サスティナブルな「都市と暮らし」を科学する

横浜市立大学国際教養学部都市学系 編

朝倉書店

※本書は「一般財団法人住総研」の2022年度出版助成を得て出版されたものである.

執筆者

青 <ruby>青<rt>あお</rt></ruby> 正 <ruby>正<rt>まさ</rt></ruby> 澄 <ruby>澄<rt>ずみ</rt></ruby>	横浜市立大学国際教養学部都市学系教授	（1章）
宇 <ruby>宇<rt>う</rt></ruby> 野 <ruby>野<rt>の</rt></ruby> 二 <ruby>二<rt>じ</rt></ruby> 朗 <ruby>朗<rt>ろう</rt></ruby>	北海道大学大学院公共政策学連携研究部教授 前横浜市立大学国際教養学部都市学系教授	（2章）
大 <ruby>大<rt>おお</rt></ruby> 島 <ruby>島<rt>しま</rt></ruby> 誠 <ruby>誠<rt>まこと</rt></ruby>	横浜市立大学国際教養学部都市学系准教授	（3章）
中 <ruby>中<rt>なか</rt></ruby> 西 <ruby>西<rt>にし</rt></ruby> 正 <ruby>正<rt>まさ</rt></ruby> 彦 <ruby>彦<rt>ひこ</rt></ruby>	横浜市立大学国際教養学部都市学系教授	（4章）
吉 <ruby>吉<rt>よし</rt></ruby> 田 <ruby>田<rt>だ</rt></ruby> 栄 <ruby>栄<rt>えい</rt></ruby> 一 <ruby>一<rt>いち</rt></ruby>	横浜市立大学国際教養学部教養学系教授	（コラム）
鈴 <ruby>鈴<rt>すず</rt></ruby> 木 <ruby>木<rt>き</rt></ruby> 伸 <ruby>伸<rt>のぶ</rt></ruby> 治 <ruby>治<rt>はる</rt></ruby>	横浜市立大学国際教養学部都市学系教授	（5章）
影 <ruby>影<rt>かげ</rt></ruby> 山 <ruby>山<rt>やま</rt></ruby> 摩 <ruby>摩<rt>ま</rt></ruby> 子 <ruby>子<rt>こ</rt></ruby> 弥 <ruby>弥<rt>や</rt></ruby>	横浜市立大学国際教養学部都市学系教授	（6章）
有 <ruby>有<rt>あり</rt></ruby> 馬 <ruby>馬<rt>ま</rt></ruby> 貴 <ruby>貴<rt>たか</rt></ruby> 之 <ruby>之<rt>ゆき</rt></ruby>	横浜市立大学国際教養学部都市学系准教授	（7章）
後 <ruby>後<rt>ご</rt></ruby> 藤 <ruby>藤<rt>とう</rt></ruby> 寛 <ruby>寛<rt>ゆたか</rt></ruby>	横浜市立大学国際教養学部都市学系准教授	（8章）
滝 <ruby>滝<rt>たき</rt></ruby> 田 <ruby>田<rt>た</rt></ruby> 祥 <ruby>祥<rt>さち</rt></ruby> 子 <ruby>子<rt>こ</rt></ruby>	横浜市立大学国際教養学部教養学系教授	（コラム）
三 <ruby>三<rt>み</rt></ruby> 輪 <ruby>輪<rt>わ</rt></ruby> 律 <ruby>律<rt>のり</rt></ruby> 江 <ruby>江<rt>え</rt></ruby>	横浜市立大学国際教養学部都市学系教授	（9章）
齊 <ruby>齊<rt>さい</rt></ruby> 藤 <ruby>藤<rt>とう</rt></ruby> 広 <ruby>広<rt>ひろ</rt></ruby> 子 <ruby>子<rt>こ</rt></ruby>	横浜市立大学国際教養学部都市学系教授	（10章）
石 <ruby>石<rt>いし</rt></ruby> 川 <ruby>川<rt>かわ</rt></ruby> 永 <ruby>永<rt>えい</rt></ruby> 子 <ruby>子<rt>こ</rt></ruby>	横浜市立大学国際教養学部都市学系准教授	（11章）
陳 <ruby>陳<rt>ちぇん</rt></ruby> 礼 <ruby>礼<rt>りー</rt></ruby> 美 <ruby>美<rt>めい</rt></ruby>	横浜市立大学国際教養学部教養学系教授	（コラム）

執筆順. （ ）は執筆担当

序

　新型コロナウイルス感染症拡大は私たちの暮らしに大きな影響を与えた．私たちにとっての当たり前が変わった．こうした時代の変化，社会の要求の中で，サスティナブルな都市や暮らしは，どんな時代をも乗り越えていける力を，私たち一人一人がもつ社会として求められる．その基本は一人一人の態度である．目の前に起こっていることを，他人ごとにしない．自分ごとにする．目の前に起こっていることをみつめ，なぜ起こっているかを正しく理解する．そして，一人一人が実践することである．

　こんなものだろうという思い込みや固定した価値観では時代の変化に対応できない．だから，暮らしの中で気がつかずにみていることを，あらためてみつめ，知ることは重要である．個人の態度だけではなく，社会の仕組みや体制，制度や法律を，時代に合ったものに変えることも必要である．そのために，現状の制度等を知り，課題や問題などを知ることも重要である．その題材として，都市を取り上げる．

　都市は，政治や経済，文化の中心としての機能を持ち，人が集まる場である．農村との対立概念として用いられることもある．時代や地域によっても様々な様相がある．都市は時代の，場所の象徴でもある．

　都市とは，という定義は多々ある．まさに都市は多様である．多くの価値観をもち，多様な立場の人間が交流し，多様な機能がぶつかり合う場でもある．ゆえに，都市問題，都市の課題が発生する．

　都市問題がなぜ発生するのか解明し，問題の予防や解消が必要である．課題は場によって時代によっても異なる．いま，どんなことが問題になっているのか．

　2020年のはじめから私たちは新型コロナウイルス感染症拡大という共通の課題と戦っている．こうした災害とどう戦っていくのか．地震や津波，台風などそのものを防げないにしても災害による命や暮らしへの影響を小さく

することはできる．そのためにどんな都市に住めばよいのか．都市をどうつくればよいのか．

　コロナの広がりで飲食業や観光業は経済的に大きな打撃を受けた．外国人観光客が来ない，修学旅行生も来ない観光都市は悲鳴を上げている．都市はどう生きるべきか．都市の経営がますます重要になる．都市の財政はどうあるべきか．

　都市は働く場でもあり，住む場でもある．働く環境はどうあるべきか．そして子育てする環境はどうあればよいのか．働く，暮らすための基本となる都市のインフラはどう提供されるのか．水をはじめとしたわたしたちの暮らしを支える社会基盤が必要である．

　都市は暮らしを支える基盤でもあるが，暮らしを豊かにもする．その1つが景観である．そして，都市それぞれには歴史がある．その都市にしかない魅力をどう引き出すのか．

　近年は，空き地や空き家問題も深刻である．空き地や空き家は都市や地域の問題にもなるが，コミュニティ形成の場にもなる．そのために何が必要か．

　コロナと戦いながら，世界はSDGsの目標に向かい，共に努力をしている．地球温暖化，食の安全，そしてその一方では捨てられる多くのごみ．都市は人と人とのぶつかり合いからも，多くの問題がある．

　こうした，都市の問題は，単体の学問ではなかなか解けない．ゆえに，経済学，法学，建築学，環境学，社会工学，都市計画学，住居学，社会学，行政学，財政学，政治学，経営学，政策学，地理学，観光学，福祉学，医学，不動産学等を総合し，問題の解明に取り組むこと，そしてその実践には都市の多様なプレイヤーの連携，社会システムの再編が必要である．

　本書では，人々の遠くにみえているかもしれない様々な都市の課題を，国民・市民一人一人が，暮らしを通じて身近に捉えてもらえるように，生活の身近な課題，働く，住む，子育て，観光，空き家，防災，ごみ，景観・街並みと，それを支える都市の自治や財政，計画をテーマにし，地球レベルから身近なレベル，グローバルな視点からローカルな視点を大切し，都市を誰にとっても暮らしやすい場にするために，あるべき方向を示し，そのための具体的な道筋を示すことを目指している．

　都市の問題や課題は，身近なレベルから宇宙のレベルの多様なレベル，そして対象が物理的なものから非物理的なもの，暮らしの行動の中でも仕事，娯楽など多様な側面で関わり，解決や予防には短期的な視点や長期的な視点が必要なもの，その主体が個人と組織，公と民，素人と専門家などと，様々である．その多様さこそが，都市でもある．

　横浜市立大学の総合講座「都市政策・まちづくり論」および国際教養学部都市学系の「都市と暮らし」の授業のテキストとして執筆したものであるが，多くの方々にお読みいただき，多角的に学んでいただけるように，新しい課題を取り入れ，各執筆者が各分野の研究成果を踏まえ，都市の本質を見据えることを目指している．

　本書を通じて，多様な都市の課題を身近に感じ，実践につなげ，私たち一人一人の暮らしが豊かになることを執筆者全員で願っている．

　2023 年 1 月

執筆者を代表して

齊藤広子

目　　次

第1章 カーボンニュートラルを考える

［靑　正澄］

1.1　は じ め に

　地球上では現在年間 800 万 t 以上のプラスチック系廃棄物が海洋へ流入していると推定されているという報告を WWF JAPAN は発表している．この原因の大部分が陸上起因である．OSPAR 委員会は欧州で実施したビーチごみ調査（2012 年 4 月〜2018 年 1 月）の結果から，陸上起因による海洋ごみのうち 89％がプラスチックごみで，うちポリエステル（PS）が多く含まれていることを確認している．ジャンベックら（2015）の研究によれば適切に処理・管理されていないプラスチック系廃棄物は中国からの流出が世界で最も多く，次いでインドネシア，フィリピン，ベトナム，スリランカ，タイの順で続き，スリランカを除く 5 か国の総量は約 1,700 万 t（2010），このうち8％程度は海に流入した可能性が高い．さらに 2025 年には同 5 か国の総量が3,800 万 t まで増加するという．

　この科学的根拠を示すデータには不確実な要素がみられる．海洋ごみの80％は陸上から発生するといわれているが，この数字には十分な根拠はなく，陸上から海洋環境に流入するごみの総量は把握できていない．しかし根拠が十分とは言い難い中で，陸上起因のプラスチック系廃棄物による海洋汚染の状況を各国のマスコミはこぞって報じている．これは，この問題に対し人々が漠然とではあるが強い懸念を有しているからである．

　アジア地域全体の状況としては，ジャンベックらが指摘した通り都市の発展と消費拡大に伴うプラスチック使用増加と温暖化の影響と考えられる事象がみられる．2021 年 9 月には北海道道東沿岸で赤潮が原因とみられるウニ

やサケ，ツブ類等の大量死が発覚し，国内史上最悪となる多額の損害が見積もられた．原因の真相は明らかではないが，温暖化による海水温度上昇やプラスチックの河川・海洋流入によって富栄養化が進み，海洋環境破壊が急速に進行しているとする可能性を否定できるものではない．このように複雑な事象が絡み合って引き起こされる環境問題の解決を世界が同時に実現させるためには，「SDGs 目標」や「パリ協定」を含む国際協調に基づく温室効果ガスを削減するなど，「カーボンニュートラル」を 2050 年よりも早い時期に前倒しで実現させる必要がある．特に食糧やエネルギー・資源の高消費国である日本においては，現在の原油依存型の社会経済活動から脱却することは急務の課題であろう．人類にとって安全で公正な空間を永続的に維持・管理するためには，エネルギー，水，安全な気候，生物多様性と生態系の適切な保全が必要で，予防原則に基づく資源の有効利用を図ることが世界共通の目標であり課題であることは論を俟たない．

　本章では，カーボンニュートラルの実現が経済成長の鍵となる可能性はあるのか，という問いについて，新型コロナウイルス感染拡大に加え，ロシア・ウクライナ戦争による世界で経済悪化が深刻となる中，日本社会の現状を鑑み，スウェーデンの環境取り組みを事例として取り上げながら述べていく．

1.2　学生たちは地球環境問題をどのように捉えているか

　年齢の若い大学生たちは地球環境問題をどのように捉えているか．横浜市立大学で毎年 4 月に同じ項目のアンケートを実施している．2022 年 4 月に筆者が担当する講義を受講した 1 年から 3 年生までの計 420 人（21 年計 396 人）に対し，地球環境問題の中で特に重要と考えられる問題を 1 番から 3 番までの優先順位をつけて選択させている．毎年，結果はいつも「地球温暖化問題：255 票（21 年 273）」が最上位，次いで「食品廃棄物：174 票（21 年 186）」「プラスチックごみ問題：149 票（21 年 151）」「海洋汚染：120 票（21 年 115）」「エネルギー問題：109 票（21 年 72）」の順である．「プラスチックごみ」と「海洋汚染」の問題への関心は 3 年前から急速に高まっており，これを選択する学生が増えた．一方，「地球温暖化」と関連性の強い「大気汚

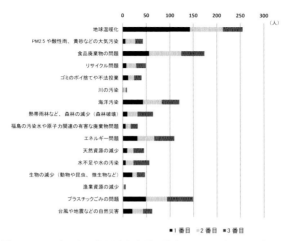

図 1.1 2022 年 4 月に横浜市立大学の学生 420 人に対して実施した
アンケート調査結果（筆者作成）

染問題」と「熱帯雨林など，森林の減少の問題」「生物の減少」の順位は低く，
「プラスチックごみ」「海洋汚染」問題と関連の深い「川の汚染」や「漁業資
源の減少」についても同様である．マスコミが取り上げて表面化した「地球
温暖化」問題は重要であると認識しているが，問題の発生源，人間や自然環
境に与える影響などについて関連づけて捉えることができていない傾向があ
る．そのため環境問題を俯瞰的に捉え，本質を学ぶことができる教育を提供
することが重要である．

1.3 With コロナにおけるライフスタイルの変化を促すために

近年，人々は新型コロナウイルス感染症［COVID-19］（以下，「新型コロナ」
と略す）の問題を深刻な問題として受け止め，関連する情報を常にアップデー
トしている．しかし，未曽有の被害を受けるかもしれない環境問題について
も同様に重視して考えられているだろうか．たとえば，2050 年までに「カー
ボンニュートラル」を達成させるためには一般の市民もそれに貢献しなけれ
ばならないことに，人々はどれだけ関心をもっているだろうか．

　本学の「環境論入門」の受講生約 280 人に対し，容器包装などの使い捨て

プラスチックの使用に「賛成」か「反対」について質問を行った．この結果，全体の20％が賛成と答え，反対はわずか24％であった．最も多い回答は環境に害が出ない容器包装であるとする条件つきでの賛成が54％となった．それでは環境への影響の可否について，消費者はどのようにして判断することができるのだろうか，という判断基準が求められることになる．

　新型コロナ拡大以前から日本ではテイクアウトを前提とした飲料販売，弁当や総菜の販売が定着していたが，コーヒー専門店の増加によるテイクアウト需要の増加，タピオカ飲料の爆発的な人気がこの流れに拍車をかけた．移動しながら飲用するというライフスタイルの定着に加え，「インスタ映え」する商品の魅力が消費者のニーズを捉えたのである．プラスチックの利点が上手く活かされた例であるが，一方，環境面では空容器が散乱するごみ問題が各地で発生している．そこに新型コロナ拡大でテイクアウト用容器の需要が一層高まり，Uber Eats に代表される出前・宅配サービスの急増に比例して使い捨てプラスチック容器の使用量が急増した．ICT 総研の推計によれば，ネット注文によるフードデリバリーサービス市場は2018年の3,631億円から，2020年には4,960億円へと市場規模を大きく伸ばした．コロナ禍の2021年は5,678億円にまで成長し，2023年には6,821億円に拡大するだろうと予測している．

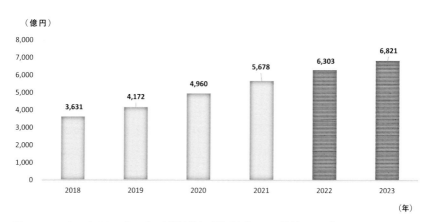

図 1.2　フードデリバリーサービス市場結果と予測（出典：ICT 総研，2021 年 フードデリバリーサービス利用動向調査結果，（https://ictr.co.jp/report/20210405.html/）より筆者作成）

　コロナ感染拡大は「カーボンニュートラル」の動きに逆行し，大量の資源を浪費する従来型のライフスタイルへと後戻りさせる「リバウンド現象」を生み出している．プラスチックは主に原油からつくられるため，原油高騰による消費財の価格にも影響して世界的に値上がりした．多くの自治体は再資源化目的で容器包装プラスチックを分別回収している．分別回収された廃プラスチックは，「日本容器リサイクル協会（容リ協）」を通じてリサイクル業者へと引き渡される．日本でこの仕組みがつくられたのは「大量生産・大量消費・大量廃棄」による廃棄物増大と廃棄物の埋立最終処分場が不足したからだ．1995 年の「容器包装リサイクル法」（正式名称 = 容器包装に係る分別収集及び再商品化の促進等に関する法律）は自治体がごみ処理の責任を全面的に負うというシステムを改め，消費者自身が容器包装を廃棄する際の分別を担い，自治体が廃棄物の分別収集および保管を行うこととした．さらに容器包装を製造・利用する事業者が廃棄物の再商品化を行う義務を担うという役割分担も示された．「容器包装リサイクル法」は 2006 年に見直しが行われ「改正容器包装リサイクル法」が 2007 年 4 月に施行された．特筆すべきは，2008 年 4 月から「改正容器包装リサイクル法」を完全施行する際に，事業者から自治体に資金を拠出する仕組みが取り入れられた点である．日本のプラスチック系廃棄物のリサイクルでは「サーマルリサイクル」が大部分を占め，単純焼却とあわせると全体の 5 割近くが焼却処分されている．この方法では二酸化炭素の排出量が増えるので，2050 年の「カーボンニュートラル」という目標を本当に達成できるのかという疑問が湧いてくる．加えてサーマルリサイクルでは，廃棄されたプラスチックをもう一度製品にするという真の意味での再資源化ができない．

　フォードら（2022）は，プラスチックの大部分が化石燃料に由来し，資源採取から EoL（End of life）に至るまでのライフサイクルの各段階で温室効果ガス（GHGs）を排出し続けていることを示している．プラスチック生産の拡大は 2015 年から 2050 年の間に 560 億 Mt 以上の二酸化炭素換算を温室効果ガスとして排出すると推定され，気候変動に対するプラスチックの影響は，① 生産・輸送・使用段階，② 廃棄と管理不能な廃棄物とその劣化，③ バイオベースプラスチック，の 3 つであると指摘している．

　日本では，テイクアウト用容器の使用削減を図りつつ，容器包装などの素
材について，サトウキビや竹，バイオベースプラスチックなどの再生可能な
有機資源の利用を促進する方向へ動き出しているが，バイオベースプラス
チックの環境への影響については未知数である．

1.4　資源循環・サーキュラーエコノミーの実現性について

　欧州委員会は，2020 年 3 月 11 日に「サーキュラーエコノミー行動計画」
を発表した．この行動計画では気候変動対策として「持続可能な低炭素化社
会実現」と「資源の効率的な活用とグリーン経済への転換」を目的としてお
り，「カーボンニュートラル」へ向けたロードマップがみえてきた．しかし
ながら，コロナに加えロシア・ウクライナ戦争による経済や社会への影響が
拡大する中で，2050 年までに目標を達成できる国はあるのだろうか．

　リサイクルの質を高めることを目的に，有害物質に関する EU の法律の見
直しが行われている．この一環で「拡大生産者責任（EPR：Extended
Producer Responsibility）」の見直しも検討された．廃棄物の総発生量を大
幅に削減するために，2030 年までに家庭から出されるリサイクル不可能な
廃棄物量を半減させる狙いがある．分別を効率的に進めるために，廃棄物の
分別収集システムを統一し，ごみ箱の色までも統一する．また主要な廃棄物
の種類を統一し，製品ラベルや情報キャンペーンも実施するなど，いわゆる
経済的手法を用いて消費者の意識を高めて参加を促進させるという仕組みを
矢継ぎ早に提案している．

　「EU サーキュラーエコノミーにおけるプラスチック戦略」では，生産者
が意図的にマイクロプラスチックを加えることを制限し，ラベリング，標準
化，認証制度，規制手段などを設け，タイヤや繊維からの故意的でないマイ
クロプラスチックの流出量を測定したデータの発表，飲料水や食料などに含
まれるマイクロプラスチックのリスクに関する科学的データを公開した．さ
らにバイオベース原料の使用と供給拡大，バイオベースのプラスチックの調
達とそのラベリング，生分解性の向上，堆肥化への可能性についても明確に
示しているなど，予防原則的アプローチに従い，生産と消費の形態を直接的

に変更させるための強い取り組みを打ち出している.

1.5 「カーボンニュートラル」の実現が成長戦略になりうるのか

　カーボンニュートラルの実現が経済成長の鍵となる可能性はあるのか. 経済成長と環境の持続可能性の両立は可能なのだろうか.

　これまで世界は, 石油資源に依存し, 物質中心の大量生産と大量消費を原動力に経済成長を遂げることができた. 先進国も途上国も, GDP（国内総生産）を高めて豊かな国家にするためには環境負荷という犠牲はある程度仕方ないという容認する見方があった. しかしながら, 2050年の「カーボンニュートラル」を実現させるためには, 経済成長と環境の持続可能性を両立させなくてはならない. 世界が協力して見事に目標を達成できたとしても, 2050年以降もリバウンドさせることなく継続し維持するか, さらに厳しい目標を設定して環境負荷低減を目指すか選択しなければならない. 世界が脱炭素化を目指すことではすでに合意が得られているが, このようなことを現在の社会システムの仕組みの中で実際に実現することができるのだろうか.

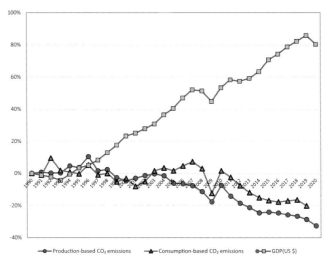

図1.3　スウェーデンの CO_2 排出量と GDP の推移（1990 = 100）（出典: https://ourworldindata.org/co2/country より筆者作成）

　2019 年時点で GDP が 87％伸びた一方，温室効果ガスの排出量は 29％削
減したスウェーデンの事例を取り上げてみたい．スウェーデンは 2011 年を
起点に GDP の成長に伴う温室効果ガスの排出を切り離す，すなわち「デカッ
プリング」に成功した（図 1.3）．主な要因を 8 点挙げることができる．①
1991 年に世界初となる炭素税を導入した．この炭素税は「一般レベル」と「産
業レベル」に分類され，段階的に税額が引き上げられている．スウェーデン
で炭素税が導入できた理由は，国家の経済情勢を鑑み，家庭や企業に対して
増税に適応する時間を設定したことで増税の実現可能性を向上させたからで
ある．② 石炭火力，石油火力の段階的な廃止に成功した．③ 石油火力ボイラー
の使用が激減した．CO_2 の排出量が多い企業には税負担を重くした一方，
CO_2 の排出量が少ない，または削減に成功した企業へは税の還元率を高く
する，というペナルティとインセンティブの効果を上手く用いたのが要因で
ある．④ ヒートポンプの公共調達による地域暖房を国内で拡大できた．こ
れは 2015 年までに小規模住宅の 50％以上，計 997,000 戸がヒートポンプを
使用した実績が示している．⑤ 食品廃棄物（生ごみ）と下水汚泥からメタ
ンガスの製造を行い，市バス等に供給して使用した．2019 年に国内の市バ

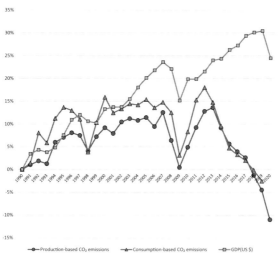

図 1.4　日本の CO_2 排出量と GDP の推移（1990 = 100）（出典：
https://ourworldindata.org/co2/country より筆者作成）

スの15%，約2,000台のバスがバイオガスを使用するまでに至っている．⑥埋立処理を削減できた（一部禁止，埋立処理税の導入）．⑦家庭ごみ（一般廃棄物）を焼却し，地域暖房の熱源として使用できた．⑧廃棄物の埋立処理場からメタンガスの回収を始めた（Ryden, 2021）．

　一方，日本のCO_2排出量とGDPの推移は図1.4の通りである．2019年に生産ベースと消費ベースで1990年を100とした場合，数値上では90年比でマイナス5%弱までデカップリングが進んでいるようにみえる．しかしながら，2020年以降新型コロナの拡大により経済が停滞した結果，世界全体でCO_2排出量は大きく減少している．そのため実際にデカップリングに成功したのか，単に一時的な現象だったのか，またリバウンドして再びカップリングしてしまったのか，複数の可能性が想定される．このことは日本だけに限らずすべての国に当てはめられて考えられる問題である．2008年のリーマンショック時，世界経済の停滞に合わせてCO_2の排出量も大幅に減少したが，経済の回復に合わせて多くの先進国でリバウンド現象が起きた．これと同じことが新型コロナ収束後にも表れるかもしれない．

1.6　有機性廃棄物を利用するスウェーデンの取り組み

　SDGs目標12「つくる責任　つかう責任」は，SDGsの中でも中心的な位置づけにあるといえる．都市にとって目標12の資源管理は，エネルギー，廃棄物，水が中心である．再生可能なエネルギー生産と再生可能エネルギーの効率的な利用（特に暖房用）を行うこと，加えて廃棄物の処理方法と有機食品廃棄物の利用価値について，日本の取り組み方法は正しい選択だったのだろうか．

　スウェーデンの政策で特筆すべき事は輸送部門におけるバイオ燃料の使用である．1990年と2019年の排出量を比較したデータ（図1.5）では，国内の排出量のうち輸送，電気・熱供給，製造業，建物，廃棄物の各部門で削減できた一方，航空業・海運部門で増加した．製造工程からの食品残渣や家庭の生ごみ，農業の残渣，下水等の有機廃棄物からバイオガスを生産することで循環型資源管理の改善に成功した．今後は長距離輸送トラックや航空業・

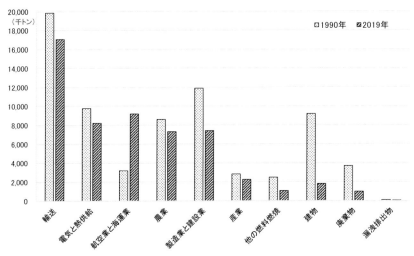

図1.5　部門別の温室効果ガス排出量（スウェーデン、1990年と2019年比較）（出典：https://ourworldindata.org/co2/country より筆者作成）

海運業でバイオ燃料と再生可能エネルギー電気の使用量を増加し排出削減を図る.

　スウェーデンの多くの自治体では，市バスのバイオガス利用を戦略的な環境政策として位置づけている. 日本では家庭から出る生ごみの多くは焼却処理されている. スウェーデンで生ごみを焼却しないでバイオガス（再生可能エネルギー源）として有効利用を決めた背景には，第1に，素材の選択：新製品に再生材を使用する場合，どのような気候変動効果が期待できるのか. 第2に，サイクル方法の選択：廃棄物をリサイクルに回すことで，どのような温暖化防止効果が期待できるのか，という質問に答える科学的根拠を北欧理事会（Nordic Council of Ministers）の実験結果からそれを裏づけられる有効な数値を示すことができたからであろう.

　第1の視点である「素材の選択方法」を比較する（表1.1）. これは「一次生産（バージン）」と「二次生産（マテリアルリサイクル）」との比較で，排出量データの分析に基づくとマテリアルリサイクルをして再利用した材料を使用した場合，一次生産よりも二次生産からの温室効果ガスの排出量は少ない結果が得られた. 中でも有機廃棄物（消化）については，バイオマスガ

表 1.1　素材の選択方法

マテリアル	差異：二次－一次 (kg-CO_2-eq./kg)	差異率：二次対一次
ガラス	0.4	41%
アルミニウム	10.6	96%
鋼鉄	2.1	87%
プラスチック	0.8	37%
紙・ダンボール	0.4	37%
有機廃棄物（堆肥化）	0.02	27%
有機廃棄物（消化）	0.07	87%

（出典：https://ourworldindata.org/co2/country より筆者作成）

表 1.2　リサイクル方法

マテリアル	差異：二次－一次 (kg-CO_2-eq./kg)	差異率：二次対一次
プラスチック	−2.7	−55%
紙・ダンボール	−0.1	−6%
有機廃棄物（堆肥化）	−0.03	−21%
有機廃棄物（消化）	−0.09	−54%

（出典：https://ourworldindata.org/co2/country より筆者作成）

スを生産するのに新しいバイオ素材を使用するより，生ごみ等を再利用させる方が87%温室効果ガスの排出量を抑えられるという結果になった．

　第2の視点である「リサイクル方法」を比較する（表1.2）．これは「焼却する方法」と「マテリアルリサイクルする方法」での排出量データの分析に基づく．マテリアルリサイクルをして再利用した材料を使用すると，一次生産よりも二次生産からの温室効果ガスの排出量は少ないという同じ結果が得られた．有機廃棄物（消化）は，バイオマスガスを生産するのに焼却するよりも，生ごみ等を再利用させた方が54%温室効果ガスの排出量を抑えられるという結果になった．プラスチックの再資源・再利用を含め，すべての材料でリサイクル代替品の方が温室効果ガスの排出量が低い結果が出ていることからマテリアルリサイクルの有効性が確認され，生ごみ等の有機廃棄物を有効利用する道が選ばれた．

　スウェーデンでは持続可能性を考慮し長期的な政策を検討した結果，自動車用ガスとしてのバイオガスの割合が非常に高くなってきている．このバイオガス開発に着目したのは，1970年代の石油危機がきっかけで，環境への

負荷と石油への依存度を下げるためにバイオガス技術の研究開発と新しいプラント建設が行われた．生産されたバイオガスは市のバスの燃料に，そして残滓は近隣の農地でバイオ肥料として利用されるようになった．スウェーデンのウプサラ市では，技術的な進歩によりバナナの皮 10 個分で約 1 km 走行させる能力を引き出すことに成功している．

1.7　おわりに：カーボンニュートラルの実現へ

　経済成長の要である生産と消費を制限することなく，使用するエネルギーと投入する資源，リサイクルによる再生材の有効利用を図り，環境に配慮した生産の効率性を高め，質を追求し，サービスという名の新しい消費形態に委ねながら，温暖化ガスの排出量を削減させる「カーボンニュートラル」社会を 2050 年までに達成できるのだろうか．再び「環境論入門」で 3 か月学習した受講生約 280 人に対し，以下 3 点の質問を行った．
① 持続可能なエネルギーとして原発再稼働や原発を使用し続けることに「賛成」か「反対」
② 石炭を使用した火力発電の活用について「賛成」か「反対」
③ 横浜市が進めている水素エネルギーの開発と使用に「賛成」か「反対」
　質問の①では賛成 35%，反対 51%，わからない 14%．②では賛成 30%，反対 58%，わからない 12%であった．いずれも反対が 50%を超えているものの，2022 年 6 月後半に記録的な速さで梅雨明けした日本は，ロシア・ウクライナ戦争や新型コロナ，気候変動による影響でエネルギー高騰と供給不足で深刻なエネルギー供給力不足に見舞われていることから一時的には仕方がないと容認する意見が多くみられた．一方，横浜市や川崎市が臨海地域で進めている水素の地産地消を目指す「水素サプライチェーン構築」という取り組みについて，③では賛成 90%，反対 3%，わからない 7%となっており，横浜市が説明している地産地消型の再生可能なエネルギーへの期待感から賛成を支持し，新たなイノベーションに期待する若者の考えがみられた．
　炭素排出量を 2050 年までにネットゼロにするというが，温室効果ガスの排出量を人間が自由にコントロールし管理できる時代が来るのだろうか，と

いうことに多くの疑問を持っている.

　学界では，経済成長と環境の持続可能性の両立を可能にすることについて激しい論争が繰り広げられてきている.「グリーン成長」という考え方は，これまで国連や欧州連合，そして多くの国々の間で政策立案の主流として考えられ，この考えの下に政策アジェンダや国内政策がつくられてきた. 企業はリスクの高いグリーン成長戦略を今後も追い求め，その中で「カーボンニュートラル」が達成できない部門（または産業）を諦めてスクラップし，新たに低炭素化社会に適合可能な部門（または産業）をビルドするイノベーション型のビジネスを成し遂げていくだけの能力を維持し続けることができるのだろうか. 今日私たちの社会で多くの問題が指摘される「生産と消費」形態を直接的に変容させるイノベーションを「カーボンニュートラル」を達成させるという約束の期限までに，具現化することができるのだろうか. これを進めていくためには，これまで企業が主体となって推し進めてきた「グリーン成長」よりも「予防原則」に従い先進国の生活様式，人々の考え方，そして従来型の社会システムを変える必要があるだろう. 来る 2030 年，そして 2050 年という社会では，効率を追求してきた効率重視の姿勢から精神的な充足を満たすような姿勢へと変えていくことができるかが鍵になるだろう. ここにイノベーションの可能性になるニーズが隠れている.

　最後に本章ではカーボンニュートラルの実現が経済成長の鍵となる可能性についてスウェーデンを事例に取り上げたが，スウェーデンからのインプリケーションとして以下 5 点を挙げておきたい.

① 企業は温室効果ガス削減と持続可能性向上の観点から，利益を生み出せる事業（部門）とそうでない事業について検証する必要がある.

② 企業およびグループ企業は，収益（利益）向上と環境負荷低減を同時に達成させるためにデカップリング戦略に基づくロードマップを検討し参考にする価値はある.

③ この戦略に基づき，デカップリングできない環境負荷の多い事業をスクラップするかしないかの判断は，経営者自身に委ねられるが，デカップリングという視点だけでは 2050 年のカーボンニュートラル社会の姿を判断することはできない.

④ 地球温暖化対策には，温室効果ガス削減の視点だけでなく，他の大気物
質等の削減にも同時に目を向ける「コベネフィット（co-benefit）」の考
えに立脚した取り組みが不可欠である．

⑤ 地域にあるポテンシャルを見直し，社会が求めるニーズを発掘すること
こそが成長の糧である．

　未来の姿を想像すると，生産と消費を重視した経済成長の仕組みはもはや
時代遅れである．技術的な解決方法は重要であるが，技術と資金不足を理由
に対処できないとするネガティブな思考は問題のすり替えである．現在の社
会とは異なる「知的な社会システム」を新たに見つけ出す必要があるだろう．

文　献

Ford, H. V. *et al.*（2022）: The fundamental links between climate change and marine plastic pollution. *Science of The Total Environment*, vol. 806, Part 1, 1, 150392. https://doi.org/10.1016/j.scitotenv.2021.150392

Jambeck, R. *et al.*（2015）: Plastic waste inputs from land into the ocean. *SCIENCE*, vol 347, Issue 6223. 768−771.

Rydén, L.（2021）: How cities and universities approach the sustainable development goals: cases from the Baltic Sea region. *Janes Journal*, vol. 17, 1−9.

European Commission: Circular economy action plan. https://environment.ec.europa.eu/strategy/circular-economy-action-plan_en（参照 2022 年 7 月 18 日）

Global Change Data Lab：CO_2 and Greenhouse Gas Emissions. https://ourworldindata.org/co2/country（参照 2022 年 7 月 18 日）

ICT 総研：2021 年 フードデリバリーサービス利用動向調査結果. https://ictr.co.jp/report/20210405.html/（参照 2022 年 7 月 18 日）

OSPAR Commission: Beach Litter Monitoring, D10 - Marine Litter. D10.1 - Characteristics of litter in the marine and coastal environment. https://oap.ospar.org/en/ospar-assessments/committee-assessments/eiha-thematic-assessments/marine-litter/beach-litter-monitoring/（参照 2022 年 7 月 16 日）

横浜市：水素エネルギーの利活用. https://www.city.yokohama.lg.jp/cityinfo/yokohamashi/yokohamako/kkihon/kankyo/suiso.html（参照 2022 年 7 月 18 日）

WWF Japan：海洋プラスチック問題について. https://www.wwf.or.jp/activities/basicinfo/3776.html（参照 2022 年 7 月 18 日）

第2章 ▌都市の仕組みを考える

[宇野二朗]

2.1 はじめに

　日本では，原則的に全国のどこにも都道府県があり，市町村が存在する．これらは，地方自治法において異なる役割をもつ地方自治体（法的には地方公共団体と呼ばれる）として位置づけられている．このうち，市（都市）は町村とともに「基礎的な地方公共団体」（基礎自治体）に位置づけられる．おおむね，一定規模の人口，中心市街地，都市的施設をもつことが市たる要件である．

　東京・大阪・京都の三都市は，市の中でもとりわけ規模が大きく，社会・経済・文化的な諸機能が集積している地域，すなわち大都市として，地方自治制度の草創期より一般の市から区別されてきた．その後，横浜，名古屋，神戸も加わって「六大市」が典型的な大都市とみなされるようになった．

　こうした大都市のための制度として，現行の日本の地方自治制度には，特別区制度（地方自治法第281条）と政令指定都市制度（地方自治法第252条の19以下）がある．

2.2 大都市制度とは何か

2.2.1 大都市制度の沿革

　大都市を対象とした制度には第1に，明治時代の市制町村制（1888年制定）の下での「三市特例」が挙げられる．市制町村制により，郡の区域に属さない市街地では市制が施行されることとなった．しかしこのとき，東京市，京

都市,大阪市においては大都市に対する特例制度（三市特例）が施行された.その内容は,市長・助役を置かずにその職務を府知事・書記官が行うなどであり,これらの大都市は府知事の直轄下に置かれることとなった.この三市特例が廃止され,一般市並みの自治権が与えられるのは,1898（明治31）年のことであった.その後,1911年に市制が改正され,三市は法人区をもつこととされた.

　第2に,府県制の下での三部経済制が挙げられる（金澤,1981a；1981b）.三部経済制とは,府県財政を市部,郡部,そして市部と郡部に共通する連帯経済の三部に分けた上で,市部財政に関しては府県会議員のうち市部選出議員から構成される市部会で,郡部財政に関しては郡部選出議員から構成される郡部会で,また連帯経済に関しては府会で議決するという仕組みを指す.これは,共通部分（連帯経済）の負担を除き,市部で生み出される収入を市部の代表者によって市部に用いるという点では,大都市制度の一種と捉えることもできる（高木,1989）.1879年に東京府で実施されてから,京都府,大阪府,神奈川県,愛知県,兵庫県,広島県で設置されてきたが,社会の変化に伴い共通部分が増加していくと三部経済制の基盤は揺らぐこととなり,1925年の大阪府を皮切りに廃止が続き,1940年には府県制改正により完全に廃止された.

　第3に,六大都市行政監督特例である.大都市が行う事務の一部について府県知事の許可を受けなくてもよいとする「六大都市行政監督に関する法律」が1922年に制定された.どのような事務に関して監督が緩められるのかについては勅令で定められた.市役所の位置,市長・助役等の兼業および事務分掌,手数料などが府県知事の許可が不要とされた事務であった.その背景には,大都市を府県から完全に独立させようとする特別市制運動があった.

　第4に,都制である.首都である東京の制度については,三市特例が廃止された頃から様々な議論があった.結局1943年に,戦時下にあって帝都の一体性を確保するべきとの理由から,東京市を廃止した上で東京府の区域を区域とし,官吏である都長官を置く都制が成立した.官選首長である点や東京都が基礎自治体を兼ねるという点で現行の都区制度とは異なるものであったが,その原型になった.戦後,地方自治法により都制は廃止され,現在の

都区制度が創設された.

第5に，特別市制および政令指定都市制度である．1947年に制定された地方自治法では，東京都に特別区を設けると同時に，東京都以外の大都市を対象とした特別市制度が規定されていた．この制度は，① 特別市の区域は都道府県の区域外とする，② 人口50万人以上の市から法律で指定する，③ 行政区および事務所を設置する，④ 公選の区長を行政区に置く，という内容のものであった．しかし，この制度が適用されると，大都市区域を欠いた府県区域が残されることになるため，府県側の反対を受けることとなった．そこでこの特別市制を廃止した上で，政令で指定される大都市に各種特例を設けるという政令指定都市制度が1956年に制定された．この政令指定都市制度は大枠を維持したまま現在に至っている．

2.2.2 都区制度

東京都区部には，市町村ではなく23の特別区が設置されている．特別区はもともと東京都の内部的な行政機関とされてきたが，その地位の向上を目指した都区制度改革が行われてきた．その結果，1974年には区長公選が復活し，また，1998年の地方自治法改正により「基礎的な地方公共団体」として位置づけられるようになった(地方自治法281条の2第2項)．しかし，このときも普通地方公共団体となったわけではなく，特別地方公共団体である点には変更はなかった．

特別区は市町村よりも制約された存在である．特別区の事務処理権限は一部制約され，また市町村の固有の課税権の一部が都に留保されている．東京都と特別区が異なる団体である一方で，東京都が統一的に行う基礎自治体の事務もあることから，通常は市町村税とされている税目のうち東京都が賦課徴収することが認められているものがある(市町村民税法人分，固定資産税，特別土地保有税，都市計画税，事業所税)．加えて，特別区間でも財政力に差があることから，特別区が「ひとしくその行うべき事務を遂行できる」ように都が交付金を交付することとされている．

東京都にも特別区にも，議事機関として議会が置かれ，執行機関として長が置かれている．都知事，各区長，都議会議員，区議会議員のすべてが住民

によって直接公選されている.

2.2.3　政令指定都市制度

　東京都以外の大都市のうち政令で指定されたものには政令指定都市制度が適用される．政令指定都市は普通公共団体である点で通常の基礎自治体＝市町村と異なるところはないが，特例的に道府県の権限と財源の一部が移譲され，道府県の関与の一部が適用外とされ，市域内に行政区が設置される．

　政令指定都市の対象は，人口が50万人以上の市である（地方自治法第252条の19）．当初は五大市（横浜，名古屋，京都，大阪，神戸）が対象と想定されていたが，1963年に北九州市（指定時の人口104万人）が五大市以外ではじめて政令指定都市に移行した．この頃から人口100万人以上が指定都市移行の目安とされるようになった（1992年の千葉市までで12市）．その後，「平成の大合併」の時期には人口70万人程度が目安となり，その結果，合併をすることで政令指定都市への「格上げ」を目指す都市が増え，指定都市は急増した（現在20市）．

地方公共団体の主な役割分担の現状

（平成24年4月1日現在）

	（保健衛生）	（福祉）	（教育）	（環境）	（まちづくり）	（治安・安全・防災）
道府県	・麻薬取扱者(一部)の免許 ・精神科病院の設置 ・臨時の予防接種の実施	・保育士、介護支援専門員の登録 ・身体障害者更生相談所、知的障害者更生相談所の設置	・小中学校学級編制基準、教職員定数の決定 ・私立学校、市町村立高等学校の設置認可 ・高等学校の設置管理	・第一種フロン類回収業者の登録 ・公害健康被害の補償給付	・都市計画区域の指定 ・市街地再開発事業の認可 ・指定区間の1級河川、2級河川の管理	・警察(犯罪捜査、運転免許等)
指定都市	・精神障害者の入院措置 ・動物取扱業の登録	・児童相談所の設置	・県費負担教職員の任免、給与の決定	・建築物用地下水の採取の許可	・区域区分に関する都市計画決定 ・指定区間外の国道、県道の管理 ・指定区間の1級河川(一部)、2級河川(一部)の管理	
中核市	・保健所の設置 ・飲食店営業等の許可 ・温泉の利用許可 ・旅館業・公衆浴場の経営許可	・保育所、養護老人ホームの設置の認可・監督 ・介護サービス事業者の指定 ・身体障害者手帳交付	・県費負担教職員の研修	・一般廃棄物処理施設、産業廃棄物処理施設の設置の許可 ・ばい煙発生施設の設置の届出の受理	・屋外広告物の条例による設置制限 ・サービス付き高齢者向け住宅事業の登録	
特例市				・一般粉じん発生施設の設置の届出の受理 ・汚水又は廃液を排出する特定施設の設置の届出の受理	・市街化区域又は市街化調整区域内の開発行為の許可 ・土地区画整理組合の設立の認可	
市町村	・市町村保健センターの設置 ・健康増進事業の実施 ・定期の予防接種の実施 ・結核に係る健康診断 ・埋葬、火葬の許可	・保育所の設置・運営 ・生活保護(市及び福祉事務所設置町村) ・養護老人ホームの設置・運営 ・障害者自立支援給付 ・介護保険事業 ・国民健康保険事業	・小中学校の設置管理 ・幼稚園の設置管理 ・県費負担教職員の服務の監督、勤務成績の評定	・一般廃棄物の収集や処理 ・騒音、振動、悪臭を規制する地域の指定、規制基準の設定(市のみ)	・上下水道の整備・管理・運営 ・都市計画決定(上下水道等関係) ・都市計画決定(市町村道、橋梁の建設・管理) ・準用河川の管理	・消防・救急活動 ・災害の予防・警戒・防除活動 (その他) ・戸籍・住基 【特別区】

図2.1　政令指定都市への権限移譲（出典：「第30次地方制度調査会」資料）

権限配分の特例は，図 2.1 にまとめられている．「指定都市」（政令指定都市）は，中核市，特例市および市町村の権限をもつ．特別区はグレーに塗られた権限をもつ．なお，道府県は「市町村」の権限以外のすべての権限をもつ．

こうした事務権限の移譲に対して，政令指定都市に対する税財政上の特例もあるが少ない．

その 1 つ目は，事業所税の課税が認められていることである．もっともこれは，人口 30 万人以上の都市に認められるものであり，政令指定都市に固有のものではない．

2 つ目は，旧道路特定財源（自動車取得税交付金，軽油引取税交付金，地方揮発油譲与税，石油ガス譲与税）に関して，区域内の一般国道分を加算するなどの措置が取られている．

3 つ目は，地方交付税算定における加算である．たとえば，政令指定都市が道府県道や国道を管理していることを踏まえて，道路橋りょう費の測定単位（道路面積）には，国道等面積が加算されたものが用いられている．

組織上の特例としては，行政区の設置が挙げられる．政令指定都市では，市長の権限に属する事務を分掌させるため，条例によって区域を分けて区を設置できる（地方自治法第 252 条の 20 第 1 項）．区には市長が職員から任命する区長と会計管理者が置かれる．区の組織上の位置づけなどは法定されているわけではないことから各市によって様々である．

2.3 大都市の特性と変化

2.3.1 大都市の量的側面

大都市には大都市としての特性があることから，大都市に特有の仕組みが必要とされてきた．その最大の特性は規模の大きさだろう．

都市の平均人口は，一般の都市で約 7.4 万人，中核市で約 38.3 万人であるところ，政令指定都市では約 137 万人である．東京都区部（約 947 万人），横浜市（約 377 万人），大阪市（約 271 万人），名古屋市（約 231 万人）は 200 万人を超える．人口が小さな静岡市（約 70 万人）といえども，最小の

表 2.1　規模別市町村の平均人口(『令和 2 年度　地方財政白書』
に基づき作成（数値は平成 30 年度）)

	団体数	平均人口
市町村合計	1,718	68,659
政令指定都市	20	1,374,428
中核市	54	383,700
施行時特例市	31	251,750
都市	687	74,307
中都市	155	152,183
小都市	532	51,618
町村	926	11,766
町村（人口 1 万人以上）	417	20,119
町村（人口 1 万人未満）	509	4,922

表 2.2　東京都区部および政令指定都市の規模(『大都市比較統計年表／平成 30 年』
に基づき作成）

	人口 （千人）	面積 （m²）	人口密度 （人/m²）	市街化 区域面積割合 （％）
札幌市	1,963	1,121.3	1,751	22.3
仙台市	1,086	786.3	1,382	22.9
さいたま市	1,286	217.4	5,915	53.8
千葉市	975	271.8	3,588	47.4
東京都区部	9,467	627.6	15,105	92.7
川崎市	1,504	144.4	10,417	88.2
横浜市	3,733	437.6	8,576	77.1
相模原市	722	328.9	2,196	20.7
新潟市	804	726.5	1,107	17.8
静岡市	699	1,411.9	495	7.4
浜松市	796	1,558.1	511	6.3
名古屋市	2,314	326.5	7,089	92.7
京都市	1,472	827.8	1,778	18.1
大阪市	2,713	225.2	12,047	93.9
堺市	834	149.8	5,568	71.6
神戸市	1,532	557.0	2,751	36.6
岡山市	721	790.0	913	13.2
広島市	1,199	906.7	1,322	17.8
北九州市	951	492.0	1,932	41.7
福岡市	1,567	343.4	4,564	47.6
熊本市	740	390.3	1,896	27.7

都道府県である鳥取県の人口（約 56 万人）や島根県（約 67 万人）を上回る.

次に，面積や人口密度に注目する．全国の市区の平均面積が約 170 km² で

あるところ，大都市では，300〜500 km^2（横浜市，名古屋市，神戸市，など）が典型的な広さといえそうだ．これに対して，面積が最も小さい川崎市（約144 km^2）をはじめ 300 km^2 以下の団体が 5 都市（川崎市，堺市，さいたま市，大阪市，千葉市）あり，また，700 km^2 を超える団体が 8 団体（仙台市，京都市，岡山市，広島市，新潟市，札幌市，静岡市，浜松市）ある．

東京都区部，大阪市，名古屋市は市街化区域面積割合が 90% を超えている．これに対して，700 km^2 を超える大都市は，合併により山間地域も市域に含むようになった都市である．

このように大都市は，一般の都市に比べて人口が多く，また，市街化区域や人口集中地区（DID）の占める割合が高く，しかも連坦している．山間地を抱える大都市であってもそうした都心地区をもっている．

2.3.2 大都市の量的特性の影響

大都市は巨大であるがゆえに，町村などの小さな規模で行われるような自治は難しい．人口が 100 万人を超え，隣人の名前も，自分たちの代表者である議員の名前も顔も知らない住民も多いだろう．こうした見方からは，大都市の分割が望ましいということになる．

しかし，人口規模を顔が見えるほどに小さくするために大都市自治体を分割するなら，市域は細分化されてしまう．そうすると，公共交通，上下水道，様々な公共施設などの効率的・効果的な整備や消防，介護保険，環境管理の効率的・効果的な実施は難しくなる．また，福祉やまちづくりに関しても専門的な事業実施を考えれば，大規模であることは必ずしもマイナスばかりではない．自らの居住地区だけでなく，都心地域も含めた広域的な市民としての一体感を醸成していくことが自治意識を向上させるのに有利であるかもしれない．こうした場合には，大都市の一体性が強調されることになる．

都市が大規模であることは，職員組織の大規模化にもつながる．警察も担う東京都では職員数が多く，約 17 万人（うち一般行政部門は 1.9 万人）が働いている．それ以外の大都市では横浜市，名古屋市，大阪市が 3〜4 万人の職員を抱えている．こうした大規模な職員組織は，人件費負担として問題になることもあるが，その一方で行政能力の源泉ともなってきた．

表2.3　東京都および政令指定都市の職員数(出典：『地方公共団体定員管理調査』)

平成30年4月1日

都市	総数	一般行政部門 総数	特別行政部門 総数	教育	警察	消防	公営企業会計部門 総数	人口1万人あたり職員数(総数)	人口1万人あたり職員数(一般行政部門)
札幌市	22,550	7,329	11,731	9,911	—	1,820	3,490	115	37
仙台市	14,194	4,408	6,936	5,828	—	1,108	2,850	131	41
さいたま市	13,967	5,150	7,155	5,834	—	1,321	1,662	109	40
千葉市	11,569	4,124	5,941	4,990	—	951	1,504	119	42
東京都区部	172,517	19,421	132,257	65,585	47,811	18,861	20,839	182	21
川崎市	18,846	6,937	8,576	7,138	—	1,438	3,333	125	46
横浜市	43,680	14,827	21,249	17,670	—	3,579	7,604	117	40
相模原市	7,610	3,198	4,194	3,461	—	733	218	105	44
新潟市	11,327	3,776	5,697	4,784	—	913	1,854	141	47
静岡市	8,782	3,276	4,368	3,330	—	1,038	1,138	126	47
浜松市	8,881	3,066	5,325	4,437	—	888	490	112	39
名古屋市	34,975	11,418	14,891	12,512	—	2,379	8,666	151	49
京都市	19,597	7,348	9,313	7,506	—	1,807	2,936	133	50
大阪市	34,633	14,764	17,211	13,699	—	3,512	2,658	128	54
堺市	9,321	3,390	5,324	4,414	—	910	607	112	41
神戸市	21,241	7,914	10,257	8,795	—	1,462	3,070	139	52
岡山市	8,429	3,281	4,558	3,830	—	728	590	117	45
広島市	14,531	5,568	7,628	6,298	—	1,330	1,335	121	46
北九州市	12,724	4,589	6,140	5,140	—	1,000	1,995	134	48
福岡市	16,569	5,607	9,207	8,110	—	1,097	1,755	106	36
熊本市	9,713	3,681	4,872	4,075	—	797	1,160	131	50
平均	24,555	6,813	14,420	9,874	47,811	2,270	3,322	139	39

2.3.3　大都市の質的側面と大都市行政の特殊性

　次に，大都市の質的側面についてみてみよう．大都市は，単に巨大であるだけでなく，社会的，経済的，あるいは文化的な諸機能が集積し，また，集積させようとしてきたことから，大都市行政は特殊性を帯びる．

　ここで注目するのは，過密と集積である．大都市には人口が多く流入し，密集している．人口密度をみると，東京都区部の約15千人は別格としても，大阪市（約12千人），川崎市（約10千人），横浜市（約8.6千人），名古屋市（約7.1千人）の人口密度は特に大きい．

また，大都市には，大学や研究所，知的交流拠点などが立地し，事業所，特に大企業や外国法人は大都市に立地することが多い．国税庁の「国税庁統計年報書」によれば，資本金 10 億円超の法人数の 62% が東京圏，6.4% が名古屋圏，12.4% が大阪圏に立地している．

通勤等により周辺部から都心部への昼間の人口流入が多いのも特徴である．「平成 27 年国勢調査」によれば，東京都心 7 区への人口流入は圧倒的に多いが（昼夜間人口比は 308% であり，約 308 万人が流入），大阪市都心 5 区（279%，約 86 万人），名古屋都心 3 区（223%，約 41 万人），横浜市都心 2 区（171%，約 24 万人）などの大都市への流入人口も大きい（昼夜間人口比 150% 以上かつ通勤等流入 3 万人以上の市区町村を「都心」とする）．

密集や集積は都市の活力と創造性の源でもあるが，ときに過密による都市問題を引き起こし，それに応じた都市整備や都市計画を必要とした．高度経済成長期から安定成長期にかけて，大都市では急増する人口に住宅地が不足し，郊外部へと都市が無秩序に拡大し，学校，道路，上下水道などの整備，交通渋滞や騒音・大気汚染の深刻化，公害の発生などが問題となった．さらに，人口の密集はごみ排出量や下水を増加させ，終末処理場の不足が課題となった．そうした変化に応じるために，都心部には業務用の建物が増加し，20 階を超える高層ビルが建設されるようになり，また，都心への大量輸送を可能とするため地下鉄や高速道路の整備が進められ，臨海部の基盤整備なども行われた．

大都市には拠点性がもたらす人口構造上の問題もある．大都市では人口の社会増が多く，生産年齢人口（15〜64 歳）の割合が高い．その一方で，合計特殊出生率は相対的に低く，人口の自然増は社会増ほどではなく，すでに自然減に転じている大都市もある．高齢化率は 20〜30% 程度であり，地方部よりは低いが，すでに超高齢社会（65 歳以上人口が 21% 以上）になっている．単独世帯，生活保護世帯の多さも大都市の特徴の 1 つとなっている．その結果，人口一人当たりの民生費は全国平均よりも大きくなっている．

このように大都市は密集の不利益をもつ一方で，様々な機能が集積していることによる拠点性をもち，拠点性という大都市特有の財政需要から生じる特殊な行政需要が存在している．もっとも，拠点となる自治体の区域と実際

の経済・産業活動の圏域（大都市圏）は一致しないことが多く，そうした都市では，大都市機能の受益者と負担者とがずれること，また，大都市特有の財政需要に応じる財源が十分に確保されていないことが問題視されてきた．

2.4　大都市行政の課題の変化と改革構想

2.4.1　新たな課題

日本全体が人口減少社会に突入し，また，低経済成長が続く中で，大都市行政の課題はどのように変化していくことが想定されているだろうか．

第 1 は，大量の高齢者の存在である．すでに高齢化が進行している地方部とは異なり，大都市部ではこれから急激に高齢化が進行していく．たとえば，60 才以上人口の増加幅は政令指定都市の方がその他の市町村よりも大きくなる予測がある．その際，老人福祉施設等の不足も予測され，また，老人福祉費の増加幅も同様に大都市の方が大きくなると予測されている（「第 30 次地方制度調査会第 6 回専門小委員会資料」）．

第 2 は，大量の公共施設の老朽化と更新需要の急激な増大である．高度経済成長期には急激な都市化に合わせて大量の公共施設（橋梁，学校等）が整備されてきた．水道や下水道，地下鉄なども地方公営企業によって整備されてきた．1960 年代から 50〜60 年近くが経ち，そうした公共施設の多くは老朽化している．たとえば，横浜市では今後 20 年間に必要な公共施設の保全費総額（一般会計）は約 2.5 兆円と見込まれており（横浜市『横浜特別自治市』），その財源確保が求められている．

第 3 は，都市社会基盤の強靱化と危機管理がこれまで以上に必要となることである．すでに 1995 年の阪神淡路大震災や地下鉄サリン事件を契機に，大都市の危機管理や強靱化が重要な課題となってきた．東日本大震災では大量の帰宅困難者が生じ，その一時滞在所が問題になるなど，新たな問題も明らかになっている．さらに，近年では，ゲリラ豪雨や台風による豪雨などによる風水害も生じており，大都市内の河川や雨水排除のための下水道の整備，崖崩れ対策も課題となっている．

第 4 は，大都市の競争力向上の必要があることである．1990 年代に入り，

経済が停滞するようになると，観光の経済効果に着目し，大都市の観光資源の発掘や，国際会議等の誘致を期待した国際会議場の建設が競うように行われた．各大都市圏で国際空港の開港が行われたのもこの時期であった．バブル経済の崩壊やそれに続く経済低迷・財政危機により，こうした大規模な基盤整備が縮小・中止されることもあったが，2000年代に入る頃から大都市の都心部の再開発を促すために規制緩和が行われ，「都市再生」のために民間資金が流入した．多くの人々を惹きつけることができるかどうか，国際的な都市間競争が叫ばれ，大都市（圏）の戦略性が強調されるようになった．

2.4.2 政令指定都市の分類と改革構想

今後の大都市課題を解決するためには，この政令指定都市制度のどこに問題があり，また，どのような改革構想が提起されているのだろうか．

一般的に政令指定都市の問題点として，① 特例的，部分的で一体性・総合性を欠いた事務配分，② 府県との間で生じている二重行政・二重監督の弊害，③ 大都市の財政需要に見合った税財政制度の不存在，④ 大規模自治体としての住民自治機能を発揮しにくいという点が指摘されている．さらに，政令指定都市が増加し，その社会・経済的な状況が多様化した結果，制度改革に求めるべき事柄も多様化している．

そこで，数が増えた政令指定都市を類型化することで，それぞれの制度改革に対するニーズを切り分けることが試みられている．

第1の類型化の試みは，拡散する大都市の中で，多様性を踏まえた改革の方向性を打ち出そうとするものである．指定都市事務局が2009年に設置した「"大都市"にふさわしい行財政制度のあり方についての懇話会」は，その当時の政令指定都市を規模と中枢性を基準として，4つの範疇に分類した（"大都市"にふさわしい行財政制度のあり方についての懇話会，2009）．

規模も中枢性も大きな「大規模中枢型」（大阪市，名古屋市，横浜市），規模・中枢性ともに中程度である「中枢型」（札幌市，仙台市，京都市，神戸市，広島市，福岡市），規模は中程度だが中枢性が低い「副都心型」（千葉市，さいたま市，川崎市，堺市，北九州市），規模・中枢性ともに小さい「国土縮図型」（新潟市，静岡市，浜松市，岡山市）である．この類型化の意義は，

規模と中枢性によって特徴づけられる従来からの大都市イメージに対して，現在の大都市には「国土縮図型」と呼べる類型が含まれるようになっていることを示した点にある.

　経済のグローバル化に伴う国際都市間競争を意識した「特別市型指定都市」への移行も打ち出されている．これは規模や中枢性が高い大都市を想定し，大都市の一体性や総合性を高めようとする改革構想である．その後，横浜市および指定都市市長会から「特別自治市構想」が提起されるに至っている.

　第2の類型化の試みは，さらに進んで，国家から財源や権限をつぎ込むべき大都市を政令指定都市の中から識別しようとするものである．大都市を全国経済の発展をけん引する存在として位置づけ，それを活性化するために都市に大幅な自律性を認めるのが大都市制度であるという見方がその背景にある.

　北村（2013）によれば，主成分分析により，「政治経済的な中枢性」「能力供給者的役割」「地域の拠点性」を評価軸として各大都市は分類できる．中枢性が高い一方で専門技術力などの供給を周辺都市に頼る類型として「大都市の中の大都市」を挙げ，大阪市，名古屋市，福岡市がこの範疇に含まれる．大阪市が典型例となる点，横浜市が含まれず，福岡市が含まれる点が特徴といえよう．横浜市は，昼夜間人口比等と相関のある中枢性の相対的な低さから「巨大な衛星都市」に分類される.

　この分析では，東京への昼間移動人口が多い横浜市のような「巨大な衛星都市」には，それに見合った大都市制度が必要であるとし，また，寺社仏閣・学校が多く税収構造が脆弱である一方，観光客や文化財に対応する支出が多い京都市のような歴史的な都市にも別の大都市制度を用意する方がよいとし，それぞれの実情に見合った大都市制度の改革の必要性が言及されている．しかし，この分類の主眼は，「大都市の中の大都市」こそ，全国経済をけん引しうる大都市として優遇措置を受けるべきことを示すことに置かれていた（北村，2013）．そして，こうした「大都市の中の大都市」に必要である改革として，大都市と近郊都市との間の受益と負担の調整問題の解決，すなわち大都市の広域化，あるいは大都市圏内での水平的連携が挙げられた．こうした大都市の広域化の1つの案として，大阪府市によって提起された「大阪都

構想」が挙げられている．

大阪都構想は大阪府と大阪市の二重行政を解消し，広域的・戦略的な政策領域や税財源を広域自治体である大阪府に一元化することを目指していた．その一方で大阪市は特別区に分割される．この特別区には住民生活に身近な行政サービスなどの権限が移譲され，中核市並みの権限が付与される．また，区長と区議会議員は直接公選される．特別区に分けることで大阪市内の財政力の格差が顕在化するが，特別区の税および地方交付税の一部を原資とする財政調整制度を創設し，そうした格差を是正することとなる．

このように，大阪都構想は特別区を設置するものである．特別区制度は長く東京都に独自のものであったが，2012 年の大都市地域特別区設置法の制定により，政令指定都市，あるいは隣接地方自治体の人口が 200 万人以上となる地域では市町村を廃止して特別区を設置できることとなった．大阪都構想をめぐっては，大阪市で 2015 年と 2020 年に市の廃止と特別市の設置に関する住民投票が行われたが，否決された．

2.4.3 おわりに：改革構想の理念

都市の仕組みとしての大都市制度は岐路に立たされている．

大都市制度の将来を展望するには，それが領域志向であるか，あるいは，機能志向であるかの区別が有用だろう．領域志向とは，その都市の歴史や伝統，それに根差す地域社会のまとまりを重視するものである．これに対して機能志向とは，文字通り都市の機能を高めることによって都市間競争で勝利し，その経済的なプレゼンスを強化することを重視するものといえる．

大都市の戦略性が強調される大都市制度は広域行政制度ともいえ，機能強化志向の改革構想である．その際，基礎自治体としての社会基盤をどこに置くかが問題となる．広域的な地域への愛着や帰属意識が，そうした大都市制度としての成功の鍵となるだろう．

それに対して大都市区域を維持し，基礎自治体が中心となる改革構想では，地域への愛着や帰属意識の点では優位に立つ．もちろん大都市であるために自治が失われがちという欠点を補うための区役所機能の拡充（都市内分権）や行政区や住区レベルでの地方政治の強化の取り組みは重要な意味をもつ．

しかし，それ自体を目的とするのではなく，そうした地域社会を基盤としつ
つ，大都市行政の一体性・総合性を十分に発揮し得る仕組みをどのように構
築していくかが成功の鍵となるだろう．

文　献

"大都市"にふさわしい行財政制度のあり方についての懇話会（2009）："大都市"
　にふさわしい行財政制度のあり方についての報告書．http://www.siteitosi.jp/
　rescarch/international/pdf/konwakai_090317.pdf（参照 2022 年 7 月 21 日）
金澤史男（1981a）：日本府県財政における「三部経済制」の形成・確立（一）—
　神奈川県の場合を中心に，神奈川県史研究，第 43 巻，18 – 31.
金澤史男（1981b）：日本府県財政における「三部経済制」の形成・確立（二）—
　神奈川県の場合を中心に，神奈川県史研究，第 44 巻，14 – 22.
北村　亘（2013）：政令指定都市—百万都市から都構想へ，中央公論新社.
橘田　誠（2020）：政令指定都市行政区の現状と今度の課題，公共政策志林，第 8 巻，
　1 – 13.
大杉　覚（2018）：大都市制度—都市の役割は何か？，幸田雅治編，地方自治論，
　法律文化社.
総務省（2012）：第 30 次地方制度調査会諮問事項「大都市制度のあり方」関連資料.
　https://www.soumu.go.jp/main_content/000145111.pdf
高木鉦作（1989）：大都市制度の再検討，日本行政学会編，年報行政研究 23 地方
　自治の動向，ぎょうせい.
東京市政調査会編（2006）：大都市のあゆみ，東京市政調査会.
土岐　寛（2003）：東京問題の政治学第二版，日本評論社.
横浜市（2021）：横浜市特別自治市大綱．https://www.city.yokohama.lg.jp/city-
　info/koho-kocho/press/seisaku/2020/20210326_taiko.files/20210326taiko_
　honbun.pdf

第3章 ▎都市の行政の役割を考える

3.1　は じ め に

　私たちが生活する上で地方公共団体の役割は非常に大きい．地方公共団体と一概にいっても，基本的には都道府県と市町村の2層から構成されている．わが国では，身近な政府として市町村が存在する．市町村は主にその地域に暮らす地域住民や企業活動を行っている事業者等に多様な行政サービスを提供している．一方，行政サービスの対価として，市町村は地域住民や事業者等から少なくない税金や使用料・手数料等を徴収している．

　では，市町村（以降，「地方公共団体」とする．）は具体的にどのような活動をしているのか．地方公共団体が提供する行政サービスとして道路・上下水道・住宅・交通・公園等のハード事業である社会資本整備や保育・教育・医療・福祉・保健・介護等のソフト事業が挙げられる．他にも地域住民が安全・安心に暮らせるように警察・消防，住民管理や選挙管理，住民参加・住民交流の促進等の事業も実施している．近年では新型コロナウィルス感染症への対応，地域のデジタル化の推進，防災・減災，国土強靭化の推進，地方創生の推進，社会保障制度の改革，公共施設等の適正管理等への対応も求められている．すなわち，地方公共団体は，特定の地域において私たちの生活に必要不可欠な多様な行政サービスに関する事業を担っている．

　上記を踏まえて，本章では地方公共団体の役割と意義を学ぶことを目的とする．その役割と現状を地方公共団体の経済活動である地方財政の側面から捉える．その後，行財政運営の方法について言及する．また，具体的な事例として全国の地方公共団体と比較して，行政サービスに関して先進的な取り

組みを行っている横浜市の行財政運営の一部を紹介する.

　全体の構成は次の通りである.　第2節では財政の3機能と地方公共団体の特徴を説明する.　第3節では地方公共団体の歳出と歳入を概観する.　第4節では行財政運営と横浜市の取り組みについて述べる.　第5節では全体のまとめをする.

3.2　財政の3機能と地方公共団体の特徴

3.2.1　財政の3機能

　中央政府はバブル崩壊による長期の景気低迷の対応として補正予算等の経済対策の実施,高齢化の進展による社会保障給付額の増大による歳出の増加,景気対策として実施された制度的な減税による税収の減少,数度の経済危機への対応等に取り組んできた.　その結果,一般会計における歳出額と歳入における税収額の乖離が拡大し,財政状況が著しく悪化してしまった.　近年では,2020年のコロナ対策に鑑み2021年度末時点における中央政府の国債発行残高はおよそ1,000兆円[1],2019年度末時点における都道府県および市町村等の地方公共団体の借入金残高はおよそ192兆円[2]にも上る.

　このように厳しい財政状況下にもかかわらず,政府に期待されている役割は依然として大きい.　その役割は一般的に「財政の3機能（重森ほか,2013；篠原ほか,2017；総務省,2021；中井ほか,2020；沼尾ほか,2017；廣光ほか,2020)」といわれており,表3.1のようにまとめられる.　この機能は地域住民や事業者等に直接的ならびに間接的に大きく作用している.　それゆえ,世界中の大半の国は資本主義経済の体制をとるが,いつの時代も政府,ひいては財政活動は必要である.　また,政府の経済活動である財政の規模や役割に応じて,小さな政府と大きな政府,換言すれば夜警国家や福祉国家[3]といった政府の役割や規模が掲げられる.　また,資本主義経済の下で市場メカニズムが機能しても,不完全競争や不確実性等により市場の失敗が存

---

[1]　国債以外にも借入金や政府短期証券,政府保証債務等がある.

[2]　地方債現在高だけではなく,公営企業債現在高,交付税特別会計借入金残高も含む.

[3]　他にも世界経済のグローバル化に伴い新自由主義に基づく国家論もある.

表 3.1　財政の 3 機能（重森ほか（2013）および中井ほか（2020）に基づき作成）

機能	担うべき政府とその理由	内容
資源配分機能	地方公共団体 ・地方分権化定理	市場経済を通しては十分に供給されない排除不可能性と非競合性の特性を備えている公共財を公共部門を通して供給することによって，限られた資源の効率的な配分を行うこと．他にも外部性や費用逓減産業等への対応も含まれる．
所得再分配機能	中央政府 ・福祉移住問題 ・必要とされる地域は財政力が乏しい	累進所得税や相続税・贈与税等の税制と生活保護等の社会的給付を通じて，市場経済がもたらす所得格差・資産格差を是正し，社会的公正を達成すること．また，失業・疾病・障害・老齢等のリスクに対して，失業保険・医療保険・社会福祉・年金等の制度を通して対応すること．
経済安定化機能	中央政府 ・財政規模と金融政策手段の欠如 ・地方債発行の問題 ・地域間の外部性	市場経済がもたらす景気変動や通貨・金融危機等に対応して，減税と財政支出の拡大，増税と歳出削減等の財政政策をもって対応し，経済安定化と経済成長を図ること．

在する．この失敗を是正するために，表 3.1 のような財政の 3 機能が期待されている．

3.2.2　公的部門における地方公共団体の特徴

　地方公共団体は地方自治の理念に基礎づけられている．地方自治とは地域に属する地域住民が他の関与を受けずに，自らその地域の生活基盤を維持することである．また，地方自治は団体自治と住民自治の 2 つの要素によって構成されている．団体自治とは，国家の中に独立した存在として地方公共団体を位置づけ，地方公共団体の事務を自らの意思と責任で担うことである．一方，住民自治とは，地域住民の意思と責任の下に地方公共団体の活動が行われるという原則である．両者の自治は，民主主義国家の必要な原則である．

　地方自治法は地方公共団体を行政単位として，市町村数は 1889 年の市政・町村制の施行により従来 71,314 あった町村が，明治の大合併により 15,820 の市町村に再編された．その後，1950 年代半ばの昭和の大合併により 1956 年に 3,975 まで激減した．それ以降はわずかな減少傾向となったが，2000 年代の平成の大合併でさらに半減した．具体的には，地方公共団体は都道府県

47，市町村 1,718，指定都市[4] 20，中核市[5] 58，その他の市[6] 687，町村 926，
特別区[7] 23 から構成されている．

　また，地方自治法は住民に身近な行政はできる限り地方公共団体に委ねる
ことを基本としている．行政の政策策定および実施は地方公共団体の自主性
および自立性を意図しているからである．財政の 3 機能は表3.1 で示されて
いるが，公的部門における中央政府，都道府県そして市町村の役割はそれぞ
れ次のように定められている．

　中央政府の役割は，① 外交，防衛，通貨，司法等の国際社会における国
家としての存立に関わる仕事，② 生活保護基準等の「全国的に統一して定
めることが望ましい国民の諸活動もしくは地方自治に関する基本的な準則に
関する事務」，③ 公的年金，基幹的な交通基準等の「全国的な規模でもしく
は全国的な視点に立って行わなければならない施策および事業の実施」，④
「その他の国が本来果たすべき役割」と考えられている．

　他方，広域自治体である都道府県の役割は，地方自治法は都道府県は市町
村を包括する広域の地方公共団体と位置づけ，① 大規模な総合開発計画の
策定等の「広域にわたるもの」，② 国・都道府県・市町村間の連絡調整，市
町村相互間の連絡・連携・調整といった「市町村に関する連絡調整」，③ 大
きな財政力，専門的な能力が必要であるため「その規模または性質において
一般の市町村が処理することが適当でないと認められるもの」と定められて
いる．

　基礎自治体である市町村の役割は，その他の地域住民に身近な仕事として，
たとえば消防，ごみ処理，水道，下水道，義務教育，生活保護等である．

　地方公共団体の各事業に伴う経済活動である地方財政は中央政府の財政と
比較すると，主に 4 つの特徴を備えている．1 つ目は，地方税等の歳入や歳
出は種々の法令によって義務づけられるといった「制度面における他律性」
である．2 つ目は，歳入に占める自主財源，特に地方税の歳入に占める割合

---

[4]　人口 50 万以上の市のうちから政令で指定．

[5]　人口 20 万以上の市の申出に基づき政令で指定．

[6]　人口 5 万以上他．

[7]　大都市の一体性および統一性の確保の観点から導入されている制度．

が低いといった「歳入の依存性」である．3つ目は，地方公共団体の歳出は
その性質上，削減しにくいという「歳出の非弾力性」もある．4つ目は，中
央政府は単一の主体であるが，地方財政は多様な規模の地方公共団体によっ
て運営されているという「構造上の多様性」を備えている．また，多様な地
方公共団体の財政状況を一元的に捉えそして地方公共団体の歳入および歳出
額の見込み額として決定するために，地方公共団体は毎年，すべての市町村
および都道府県の財政活動をとりまとめた地方財政計画を作成している．

3.3　地方公共団体の歳出と歳入

3.3.1　歳　　　　出

　地方公共団体の活動内容やその規模そしてその財源は予算として毎年度，
地方公共団体ごとにまとめられる．予算には主に地方税等を財源とする一般
会計と，料金等を財源とする特別会計の2つに分けられる．特別会計には，
国の法令により義務づけられているものと，各地方公共団体が任意に設置し
ているものがある．特別会計の範囲は各地方公共団体によって異なることか
ら，全国的に統一した基準で地方財政を把握するために，特別会計の中から
公営企業等を対象としている公営事業会計を除いたものを一般会計に加えて
普通会計と区分している．中央政府の一般会計と対比する際の地方財政は，
この普通会計を指すことが多い．他にも，公営事業会計として地方公営企業，
国民健康保険事業，介護保険事業等の地方公共団体の企業活動の収支を表す
ものもある．

　地方公共団体の普通会計の歳出は，目的別と性質別に分類されている．目
的別分類とは，表3.2に示しているように総務費や民生費，衛生費等のよう
な実際の事業ごとの分類であり，行政サービスの水準や行政上の特色を示し
ている．他方，性質別分類とは民生費，土木費や教育費等の各事業を横断的
に区分した分類であり，財政構造上の特色や評価をするために用いられてい
る．具体的には，人件費，物件費，扶助費，補助費，普通建設事業費等に分
類される．

　表3.2を用いて全国の市町村の目的別経費の合計額をみると，民生費の

表 3.2　2020 年度における市町村全体の歳出および歳入状況（総務省編（2021）の一部を抜粋）

歳出	（単位：億円，％）		歳入	（単位：億円，％）	
区　分	決算額	構成比	区　分	決算額	構成比
総務費	71,564	12.0	地方税	205,078	33.4
民生費	217,866	36.7	地方譲与税	4,290	0.7
衛生費	49,297	8.3	地方特例交付金等	3,124	0.5
労働費	982	0.2	地方交付税	81,079	13.2
農林水産業費	13,786	2.3	地方消費税交付金	22,755	3.7
商工費	17,934	3.0	その他	4,378	0.7
土木費	64,289	10.8	小計（一般財源）	320,704	52.2
消防費	19,341	3.3	使用料・手数料	13,191	2.1
警察費	–	–	国庫支出金	98,602	16.1
教育費	74,820	12.6	都道府県支出金	41,659	6.8
災害復旧費	4,754	0.8	諸収入	20,740	3.4
公債費	55,271	9.3	地方債	52,947	8.6
その他	4,459	0.7	その他	66,207	10.7
歳出合計	594,363	100.0	歳入合計	614,050	100.0

21 兆 7,866 億円が最大であり，次に教育費，総務費，土木費といった順番に多い．最大の支出額である民生費は社会福祉費，老人福祉費，児童福祉費，生活保護費，災害救助費に分けられる．社会福祉費は国民健康保険の特別会計への繰出金やその他の社会福祉行政に要する経費であり毎年度，増加し続けている．児童福祉費は児童手当の支給や保育所等の児童福祉施設の運営経費である．老人福祉費は特別養護老人ホーム等の老人福祉施設の運営費である．生活保護費は生活困窮者に対する手当であり，市の区域は市が担当し，町村区域は都道府県が担当している．2 番目に多い教育費は，学校施設の建設，教材費および施設管理費，学校用務員・給食従事員の人件費等から構成されている．3 番目に多い総務費とは人事，広報，文書，財政，出納，財産管理，徴税，戸籍住民登録，選挙等の内部管理経費である．

3.3.2　歳　　入

　地方公共団体の歳出を賄う財源は地方財政の普通会計の収入で充当される．その歳入は地方公共団体が自ら徴収する地方税と国から交付される地方交付税，地方譲与税，国庫支出金そして地方債等から構成される．

　地方公共団体の歳入は表 3.2 の通り地方税，国庫支出金，地方交付税，地

方債の順に多い．地方税とは地方公共団体がその行政運営に要する一般経費を賄うために，その団体内の地域住民から徴収する税金である．主に個人住民税と法人住民税そして固定資産税が大部分を占めている．国庫支出金は特定の行政目的を達成するために，当該行政に要する経費に充てることを条件として，国から交付される収入である．地方交付税とは地方公共団体ごとの経済力格差や地域間格差によって生ずる地方税不足のために標準的な行政サービスの提供が困難である地方公共団体に対して，中央政府から一定の基準に基づいて交付される収入である．地方公共団体に一定の財源を確保する「財源保障機能」と地方公共団体間の財源調整を図る「財源調整機能」の2つの機能が期待されている．地方債とは大規模な建設事業，災害復旧事業等のように一時的に多額の費用を必要とする場合に，その財源に充てられる地方公共団体の借入金である．

　収入の分類ごとにみると，地方公共団体の財政収入はその調達方法に応じて自主財源と依存財財源に分けられる．自主財源とは地方税や使用料のように地方公共団体が自ら調達する財源である．他方，依存財源とは地方交付税や地方譲与税のように収入が中央政府と都道府県に依存している財源である．地方公共団体の収入はその使途に応じて一般財源と特定財源に分類される．一般財源とはどのような支出にも充てることができる財源である．他方，特定財源とは一定の決められた用途にしか使用できない財源である．毎年度経常的に入ってくるものを経常財源という．臨時性の強い財源を臨時財源という．

3.4　行財政運営と自治体経営，そして横浜市の取り組み

3.4.1　行財政運営と自治体経営

　地方公共団体も含めてわが国は少子高齢化，財政状況の悪化，公共施設の老朽化等の大きな課題に直面している．これらの課題は大都市から過疎地域まですべての地域で共通して取り組まなければならない課題である．では，地方公共団体がこれらの課題を克服し，今後も地域住民に必要とされる行政サービスを提供し，持続可能な社会を実現するためにはどのような方法が必

表3.3　主なPPPの手法（横浜市・みずほ証券株式会社（2011）を抜粋）

手法	概要	施設所有	資金調達	（行政の）収入	行政関与度合い
公設公営	行政が，改修を個別に発注し，改修後，直接運営する．	行政	行政	－	大
包括管理委託	公共施設等の管理運営業務を民間へ委託する．	行政	行政	－	
指定管理者制度	公の施設に導入．管理運営業務を協定により民間へ委ねる．	行政	行政	－	
DBO方式*1	資金調達を除き設計・建設・管理運営を民間へ一括して委ねる．	行政	行政	－	
アフェルマージュ方式	契約に基づき，民間が行政の施設等を使って公共サービスを提供．設備更新（改修）は，行政が負担する．	行政	行政	施設使用料等	
PFI方式*2	設計，建設，資金調達，管理運営を一括して民間に委ねる．施設所有は，公民で選択可能．	行政/民間	民間	－	
コンセッション方式	民間が行政から事業運営権を取得し，改修投資等を含め，全面的にサービス提供を行う．	行政	民間	事業権相客収入	
官民共同事業方式	行政と民間が共同で事業を行うモデル．我が国で言う第三セクター方式と同様である．	民間	民間	配当収入等	小

*1 「Design Build Operate」の略．
*2 「Private Finance Initiative」の略．

要であろうか．

　1つの解決法がNPM（New Public Management：新しい公共経営論）における PPP（Public Private Partnership：公民連携）の実施である．NPMとは，民間部門の事業者の経営手法を公共部門に適用し，公共部門の効率化やコスト削減そして納税者のニーズを向上させながら行政サービスを供給する方法の1種である．NPMは1980年代半ば以降，国の財政状況の悪化や行政サービスのパフォーマンスが低下したイギリスおよびオーストラリア，ニュージーランド等で生み出された手法である．NPM理論は世界各国で実施されており，国や時代ごとに多少異なるが，主に① 市場メカニズムの導入，② 顧客主義への転換，③ 業績／評価（パフォーマンス）による統制，④ ヒエラルキー（ピラミッド型）組織の簡素化に特徴づけられる．

　NPM とは理念であるが，具体的な手法は表 3.3 で示してある．表 3.3 には公共施設の老朽化対策として PPP 手法で対応する場合の各手法が行政関与度合いの程度に応じてまとめられている．対象分野としてまちづくり，教育，福祉，医療，環境，産業，公共施設等の幅広い分野に適用されている．

　PPP の手法を用いると，主なメリットとしてコスト削減，サービスの向上，リスク軽減，労務管理の負担軽減，事業者の経営手法や技術の活用，業務量に応じた柔軟な対応，雇用の多様化等が期待されている．他方，デメリットとして民間事業者が行政サービスを提供する懸念，行政責任の所在が不明，サービスの質の低下，事業者のインセンティブの低下および利益至上主義，契約書等の膨大な事務作業，非正規職員の増加や下請け等の不安定雇用の創出と中間搾取形態等が挙げられる．それゆえ，地方公共団体は持続可能な社会や多様な課題を解決するために無条件に行政サービスの民営化方式である PPP 手法を採用するのではなく，事業分野および委託内容，事業期間，地域住民への影響，PPP 手法の中でもどの方法が最も適切か等の多様な視点から検討することが望まれる．

3.4.2　横浜市の取り組み

　本項では横浜市に関する現況や今後の人口動態，それに付随する行財政運営の取り組みを紹介する．全国におよそ 1,700 存在する市町村の中で横浜市を選定したのは，およそ 377 万人という最大の人口を擁し，それに伴う行政組織や財源そして地域住民のニーズを満たすために行政サービスの提供を含め多数の先進的な取り組みを実施しているからである．

　横浜市とは日本有数の港湾ならびに商工業都市の 1 つである．また，観光地としての側面も有している．この横浜市では多数の地域住民や事業者等が居住ならびに活動しているが，それを地方公共団体である横浜市が，中央政府や神奈川県と共に，多岐にわたりそして多額の行政サービスを提供している．近年では新型コロナウィルス対策も含まれ横浜市も全国の地方公共団体と同様に予算が膨れ上がってしまった．具体的には，2021 年度の一般会計は 2 兆 73 億円，国民健康保険事業等を含めた 16 ある特別会計の総額は 1 兆 3,013 億円，公営企業会計は 5,934 億円にも上る．結果として 2021 年度にお

ける横浜市の予算は 3 つの会計を合計した全会計で 3 兆 9,020 億円，会計間の重複部分を除いた純計で 3 兆 2,477 億円となる．

　横浜市の人口数はこれまで増加し続けてきたが，2019 年をピークに減少傾向に転換した．年齢 3 区分でみると，15 から 64 歳の生産年齢人口は 2020 年の 235 万人から 2065 年には 162 万人へのおよそ 73 万人も減少する見込みである．また，65 歳以上，つまり高齢者の人口は 2020 年の 94 万人から 2065 年には 108 万人とおよそ 14 万人も増加すると見込まれている．このような人口動態の変化は，横浜市の財政に次のような影響をもたらすことが予想されている．生産年齢人口数の減少に伴い，横浜市の基幹税である個人市民税の減収や，人口減少が家屋の新増築の動向に影響し，結果として固定資産税の減収も予想されている．また，超高齢社会の進展により，高齢者を対象にした社会保障費の増加が確実視されている．

　このような人口推移の下で，横浜市は経済の活性化と財政基盤を強化しながら単年度と中長期の 2 つの視点から，より効果的かつ効率的な財政運営に取り組む姿勢である．主な取り組み方針として 3 つ挙げられている．1 つ目は，子どもたちや未来の横浜市民に過度な負担を先送りしない持続可能な財政運営の推進である．2 つ目は，多様な主体との協働・連携の強化によるオープン・イノベーションの推進と効率的かつ適正な財政運営の推進である．3 つ目は，自主自立の財政運営の基盤となる税財政制度の構築と実現である．

　横浜市は社会課題を行政のみだけではなく，事業者，大学，NPO 等と連携して解決するために 2008 年に共創フロントを開設し，現在に至る．組織の再編成があり，現在は共創推進室と名称を変更しているが，組織の目的は「社会的課題の解決を目指し，企業等様々な主体と行政との対話により連携を進め，相互の知恵とノウハウを結集して新たな価値を創出すること」（横浜市政策局共創推進課，2021）と設立時と同様である．社会課題に取り組む際の手法として，表 3.3 も含まれる「共創フロント，共創ラボ，リビングラボ，包括連携協定，サウンディング調査，広告事業，ネーミングライツ，PPP/PFI，指定管理者制度，公共空間の活用，SIB，共創フレンズ」を用意している．具体的に取り組んできた課題として，「複雑なごみの出し方を AI が瞬時に案内，オープンデータを活用した子育て情報サイト，絵本で楽しく

学ぶ防火・防災の意識，食品ロス削減＆フードバンク活動支援の同時達成」
等の多岐にわたる．

3.5　お わ り に

　本章では地方公共団体がどのような活動をしており，その財源と使途につ
いての概要を述べた．また，現在の社会状況を踏まえて，行財政運営の一部
を紹介した．

　全体として現行の財政制度や政府間の構造が維持される限りにおいては，
地方公共団体は景気動向に応じて増減するが一定額の税収等を徴収し，他方，
地域住民に必要な行政サービスを提供するという構造は不変であろう．しか
しながら，人口減少や少子高齢化そして地域住民の行政サービスのニーズの
変遷等から，それぞれの地方公共団体は歳入ならびに歳出そしていかなる行
財政運営を図るかを検討しなければならない．それは地方公共団体の多様性
として人口およそ 370 万人を要する団体からおよそ 200 人の青ヶ島村まで
様々である．地理的特性や人口構成，地域住民が求める行政サービスも一意
的ではない．それゆえ，今後，全国の地方公共団体は都道府県や中央政府と
の関係性や，地域の人口動態そして社会経済状況を加味した自治体経営が求
められる．

文　献

廣光俊昭編（2020）：図説　日本の財政（令和 2 年度版），財務詳報社．
中井英雄ほか（2020）：新しい地方財政論　新版，有斐閣．
沼尾波子ほか（2017）：地方財政を学ぶ，有斐閣．
重森　暁・植田和弘編（2013）：Basic 地方財政論，有斐閣．
篠原正博ほか編（2017）：テキストブック地方財政，創成社．
総務省編（2021）：令和 3 年版（令和元年度版）地方財政白書，日経印刷株式会社．
横浜市・みずほ証券株式会社（2011）：公共施設・インフラの改修，維持保全への
　　PPP（Public Private Partnership/ 公民連携）導入に向けた共同研究報告書．

国土交通省．https://www.mlit.go.jp/（参照 2022 年 6 月 13 日）
内閣府．https://www.cao.go.jp/（参照 2022 年 6 月 13 日）

総務省．https://www.soumu.go.jp/（参照 2022 年 6 月 13 日）

横浜市（2018）：横浜市中期 4 か年計画 2018−2021．https://www.city.yokohama.
lg.jp/city-info/seisaku/hoshin/4 kanen/2018-2021/chuki2018-.html（参 照 2022
年 6 月 13 日）

横浜市政策局共創推進課（2021）：横浜を共に創る．https://www.city.yokohama.lg.
jp/business/kyoso/kyoso-info/kyoso.html（参照 2022 年 6 月 13 日）

横浜市役所．https://www.city.yokohama.lg.jp/（参照 2022 年 6 月 13 日）

財務省．https://www.mof.go.jp/（参照 2022 年 6 月 13 日）

全国市長会．www.mayors.or.jp（参照 2022 年 6 月 13 日）

第4章 ▍都市の計画を考える

［中西正彦］

4.1 はじめに

　都市の課題を改善し機能や魅力をより高めていこうとする場合に，その都市の望ましい将来像を具体的に描き，その実現のために必要な手段を検討して定め，文章や地図・概念図などを用いてまとめ上げることは，重要なプロセスの１つである．まとめ上げられたものは「計画」や「プラン」などと呼ばれるが，本章では広範な意味合いを意図して後者の「プラン」と呼ぶことにする．

　今日，行政はその分野・部門に応じて多くのプランを作成しており，都市づくりに関わるプランも数多い．また，地域でまちづくり活動に取り組む市民や民間の団体がプランを作成する例も多く存在する．本章ではプランの意義や役割を考えた後に，その実際や課題をみていこう．

4.2 都市づくりのプラン作成の意義

　都市づくりにおいてプランを作成することの必要性や意義は，次のようなものが考えられる．

4.2.1 目標の明確化と共有

　どのような活動においても，参加している人や主体によって目指すところは多かれ少なかれ異なっている．まして横断的で総合的な都市づくりを進めようとする場合には，関係する主体の立場や価値観も様々であり，目標の違

いも大きい．だからこそ，その共通点と相違点を明らかにした上で，極力相違を埋め，共通の目標を明確化し合意することが必要とされる．それによって実現の方向性も定められることとなる．また，地域によるまちづくり活動の場合，そもそも漠然とした問題意識やきっかけから始まることも多く，参加する主体が目標を明確には自覚していないことも多い．プランをつくるという行為は課題や問題意識を改めて明確に認識する契機となり，関係主体が活動の意義と役割を再認識することにつながる．

4.2.2　実現手段の実効性の向上

目標が明確化され共有されれば，具体的な実現手段を検討しやすくなり，実効性が高まる．また，多岐にわたる都市づくりの手段をすべて手掛けることは困難であるが，目標に即して必要ないし有効と考えられるものを選び，優先順位づけをすることで，効率的に手段を実行しやすくなる．すなわち都市づくりの実効性が高まるのである．

4.2.3　根拠性や説明力の向上

都市づくりに取り組む行政や民間の主体が何を目指し行おうとしているのかが，他の主体に対して説明しやすくなる．プラン自体がその根拠となるし，実現手段への理解を得ることも容易になる．これは行政のプランの場合には特に重要である．人々の活動や権利に大きく作用する行政行為には，公平性・公正性・透明性が必要とされ，また今日では効率性も求められているが，プランを適切に作成・共有することはそれらに関する権限行使の根拠となる．また，市民や地域主体のまちづくり活動においても，プランを作成することで活動の説明力が向上するし，同時に持続性をも高めることにつながる．ひいては新たな主体の参加も期待できるようになる．

4.3　地方自治体の総合計画とプランの体系

今日，地方自治体は多くのプランを定めているが，その最上位に位置づけられているものが，いわゆる総合計画である．長期的な展望の下で計画的か

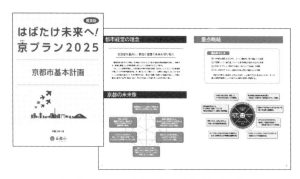

図 4.1 総合計画の事例：京都市基本計画（図は概要版）

つ効率的に自治体運営を進めるための指針として策定される．都市づくりに限るものではないが，その前提たる自治体行政の全体像を示すものとして重要なプランである．

名称は自治体によって「基本計画」「総合計画」「長期ビジョン」など様々であり，具体的な内容や形式も違いがあるが，通常は自治体の目指す将来像や目標を示した長期の「基本構想」と，10〜20 年程度の期間における実現手段や具体的施策の基本的な大綱を明らかにした「基本計画」，数年程度の期間で事業内容や実施時期などを示した「実施計画」などから成る．

地方自治体の行政は多くの分野（たとえば都市整備，環境，産業振興，農政，福祉，教育など）に分かれているが，今日ではそれぞれの分野でもプランを定めることが多い．そしてこれらは総合計画の実現のための下位のプランとして位置づけられる．分野によって，関連する法令の規定に基づいて策定されるもの（法定プラン）もあれば，法令の裏づけはなくとも自治体独自の必要性の判断から策定されるもの（非法定プラン）もある．

なお，総合計画，分野別プラン共に，通常は策定年次から 10 年，20 年先といった目標年次が定められており，目標年次や中間年次が近づいたら改定され，新たな目標年次に向けたプランが策定される．

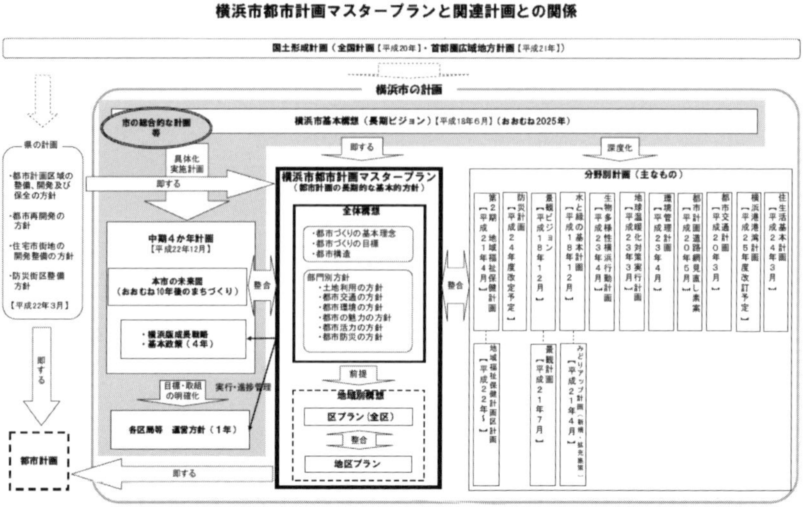

横浜市都市計画マスタープランと関連計画との関係

図4.2　総合計画と分野別プランの体系の例（出典：横浜市都市計画マスタープラン）

4.4　都市づくりに関わる行政分野のプラン

4.4.1　都市計画マスタープラン

　都市づくりの中心的な役割をもつ都市計画部門においても法定のプランの仕組みが複数存在する．これらも分野別プランの一種であるが，ここでは市町村における根幹的なものとして，「市町村の都市計画に関する基本的な方針」について説明する．これは都市計画法第18条の2に規定されており，通称「都市計画マスタープラン（略称「都市マス」）」ないし「市町村マスタープラン（略称「市町村マス」）」などと呼ばれる．

　わが国の都市計画法制度は，1919年の都市計画法制定以降，事業と規制という都市計画実現手段の規定が中心であったが，その目標や方針たるべきマスタープランが制度としてはながらく存在していなかった．しかし，1970～80年代の自治体の独自の都市づくりの取り組みなどを経て，1992年にようやく制度として導入されたのである．都市計画法では「公聴会の開催等住民の意見を反映させるために必要な措置を講ずるものとする．」（第18条の

横浜市都市計画マスタープランの記載内容の基本的考え方

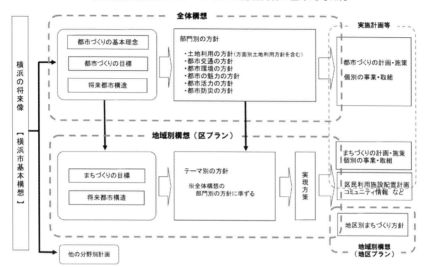

図 4.3 都市計画マスタープラン構造の例(出典:横浜市都市計画マスタープラン)

2 第 2 項)と規定されているが,「住民の意見を反映させる」ことを条文に
盛り込んでいる点は当時としては画期的であり,実際に各地の自治体で進ん
だ都市計画マスタープラン策定プロセスにおいて,地区別の住民によるワー
クショップの開催など,市民参加の先進的な取り組みが多く展開される端緒
ともなった.その後,各自治体で策定が進み,2000 年前後には都市計画を
運用する大半の自治体でプラン策定がなされた.

4.4.2 都市づくりに関するプラン

都市計画に関するプラン以外にも,広い意味での都市づくりに関わる行政
のプランは数多く,以降に主なプランを列挙する.なお,下記は制度におけ
る名称だが,各自治体による名称は独自のものとなっている場合がある.

a. 住生活基本計画

住宅政策を総合的に進めるための計画で,住生活基本法に基づいて,国民
の住生活の安定の確保および向上の促進に関する基本的な計画として策定す
るものである.国と都道府県には策定義務があるが,策定義務がない市町村

においても総合的な住宅政策を推進するため自主的に策定している市町村も多い．都道府県や市町村が定めたものは「住宅マスタープラン」などと呼ばれることもある．

b. 緑の基本計画

都市緑地法第4条に規定された，市区町村が緑地の保全や緑化の推進に関してその将来像，目標，施策などを定める基本計画である．これにより緑地の保全および緑化の推進を総合的・計画的に実施することができるようになる．

c. 地域公共交通計画

「地域にとって望ましい地域旅客運送サービスの姿」を明らかにするマスタープランとして，地域の移動手段を確保するために，住民などの移動ニーズにきめ細かく対応できる立場にある地方自治体が中心となって，交通事業者等や住民などの地域の関係者と協議しながら策定するものである．

d. 景観計画

地方自治体が良好な景観形成を図るための制度として，景観法に基づくプランである．これを定めることで，望ましい景観の姿を描きながら，規制や届出・勧告・変更命令といった必要な手段を講じることができるようになる．

e. 地域福祉計画

社会福祉法に示された，地方自治体が新しい社会福祉の理念を達成するためのプランであり，厚生労働省は地域福祉を総合的に推進する上で大きな柱になるものと位置づけている．人口減少や超高齢化の時代に，都市づくりも福祉との連携を図っていかなくてはならず，また地域の市民生活につながるという観点からも重要なプランである．

4.4.3　総合計画と分野別プランの経緯と関係

今日では上記のプランの他にも，他の分野や重点課題別・地区別にプランを定めることもあり，極めて多くのプランが存在している．「計画に基づく行政」という今日の原則によるものではあるが，この状況は一朝一夕に築かれてきたものではない．

かつては，総合計画も含めプラン策定は特段の制度的な義務があるもので

はなかった．しかし，1950 年代にいくつかの先進的な地方自治体で独自に総合計画を策定する例が出てきた．都市化が急速に進んだ大都市圏の自治体では，都市問題悪化に対する生活環境の保護や向上，機能的な都市開発の推進といった行政課題が増加したことから，目標像を示し合理的・効率的に行政を進めるために総合計画が必要とされたのである．さらに，1969 年の地方自治法改正により地方自治体に「基本構想」の策定が義務づけられ，それを核とした総合計画を策定する自治体が増加した．2011 年の同法の改正により，地方自治の独自性を重んじる考え方から基本構想の策定義務はなくなったものの，引き続き総合計画を策定している自治体は多い．

当初は，都市の基盤や空間整備が急務であったことと，分野別プランがほぼ存在していなかったことから，総合計画自体が都市開発の方向性や具体的計画を示すことを主にした，総合開発計画というべき性格をもっていた．総合計画が都市づくりのプランそのものであったといえる．しかし，都市計画マスタープランなどの都市づくりの分野別プランが充実してきたこともあっ

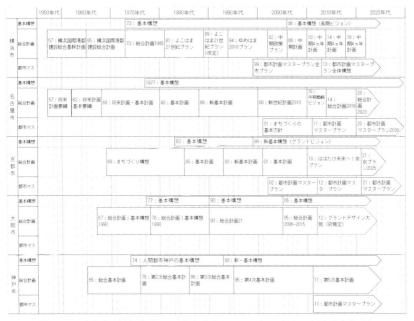

図 4.4　五大都市の総合計画および都市計画マスタープラン策定の変遷（著者作成）

て総合計画は徐々に性格を変えてきており，今日では自治体行政の理念と市民生活・社会活動のビジョンを示すものとなっている．

　このプランの変化について，初期政令市である五大都市（横浜市，名古屋市，京都市，大阪市，神戸市）の総合計画と都市計画マスタープラン（都市マス）の変遷を示したものが，図4.4である．高度成長期に総合計画（ここでは特に基本計画部分）の策定が進められたが，内容をみると都市開発構想の色合いが強い．しかし，1980～90年代には市民社会の像を描いたものとなってきた．都市マスの策定以降はその傾向を一層強めている．ただし大阪市は都市マスを定めてきておらず，府構想の影響もあって独自のプラン体系となっている．また，横浜市，名古屋市のように，近年では総合計画が短期間の事業計画的なものとされていることも，時代の変化や自治体ごとの考え方の違いを反映しており興味深い．

4.5　行政のプラン策定の実際

4.5.1　策定プロセス

　プランの分野や性質の違い，法定・非法定の別，自治体のプランに対する考え方にもよるが，自治体がプランを策定する場合，一般に次のようなプロセスを踏むことが多い．

a.　その分野における現状と課題の調査分析

　現状を調査し，問題や課題が何かを整理する．すでにあるプランの改定の場合には，その達成状況などの検証を行い，他に関係する団体への意見照会，庁内他部署へのヒアリングや意見交換などを経て，プランの要件を洗い出す．この段階で一般市民向けに当該分野に関する意識調査などを行うことなどもある．

b.　素案・原案の作成

　プランの要件を整理したらそれに基づいて素案を作成する．素案はいわゆるたたき台として機能し，それをもとにした庁内関係部署，関係団体などとの意見交換を繰り返しながら，内容の向上を図る．またこの段階から市民や第三者の参加を得て，内容の合理性と策定の透明性向上を図ることもある．

c. プランの確認・承認（オーソライズ）

　一般的に計画の具体的な姿が固まってきた段階において，その案を公表し，広く市民から意見や情報を募集する．その手続きが，パブリックコメント制度（意見公募手続）である．同制度は行政運営の公正さの確保と透明性の向上を図り，国民の権利や利益の保護に役立てることを目的としている．また計画案の周知を促進する意味合いもある．通常，期間を決めて計画案を市庁舎や WEB などで公開し，意見を収集する．得られた意見に対しては，検討の後，対応の考え方を付して回答を公開する．これらを必要に応じて反映したのち，最終案とされることになる．

d. 計画の決定・公開

　最終案となった計画案は，法定プランの場合にはその規定に則って，あるいは関連する法令の他に条例の規定などに従って，審議会や委員会の確認・承認を経て，決定・公開される．以降，その部門の行政はプランに基づいて行われることが原則となる．

4.5.2　策定に携わる主体と検討体制

　行政のプラン策定の場合，その行政を担当する部署が策定も担当することが普通であるが，他に次のような主体が関わることがある．

1）**市民**：自治会など公共的な組織団体の関係者に策定委員会等に参加を要請することもあれば，公募によって参加意思のある市民の参画を得ることもある．

2）**関連団体**：いわゆる業界団体など関連する団体からの委員参加を要請するケースが多い．

3）**専門家・学識者**：専門的知見からの意見を得ることと，内容の公平性担保などの狙いにより，参加を得ることが多い．

4）**コンサルタント**：専門知識と同時にプラン作成の実際的ノウハウをもち，業としている主体である．通常，自治体からの業務委託を受けて，調査から素案作成，プラン冊子の作成に至るまで，多くの実際の作業を行う．また，市民参加方法の実質的企画・実施などを担うことも多い．その役割の大きさから，コンサルタントの力量がプランの質に影響することも現実である．

4.6　市民や民間団体がつくるまちづくりのプラン

4.6.1　市民や民間団体が主体的にプランをつくる意義

　今日，行政頼みでないまちづくり活動が広まるにつれ，市民や民間団体が主体的にプランを作成する事例が増えてきている．ここではそれを総称して「地域まちづくりプラン」と呼ぶことにする．多くの主体が関わるまちづくりだからこそ，目標を話し合い，共有し，具体的にまとめることが重要であり，地域まちづくりプラン作成はその手段となるのである．

　地域まちづくりプランは，本章冒頭で述べたような一般的意義をもつ他に，他の主体，特に行政に働きかける際の重要なツールとなる．プランが明示されることで，他の主体が地域住民と連携する根拠ともなり，連携が進めやすくなる．特に行政にとっては，地域まちづくりプラン策定がきっかけとなって協働が進められることが期待できる．地域住民側からみれば，それによって自分たちのプラン，すなわちまちづくり活動の実現性が高まることになる．

4.6.2　行政による地域まちづくりプランの推進

　いくつかの自治体ではまちづくり条例などにおいて，地域まちづくりプランを制度的に位置づけ，その策定を支援する仕組みを設けている．その一例をみてみよう．

a. 横浜市「地域まちづくりプラン」認定制度

　横浜市では「地域まちづくり推進条例」に基づく地域まちづくり活動支援制度において，グループの登録，組織の認定，ルールの認定とともに，プランの認定制度を置いている．この制度は，地域の目標・方針や課題解決に向けた取り組みを，地域まちづくり組織（認定されたまちづくりグループ）が地域住民らの理解や支持を得ながらとりまとめた計画を，地域まちづくりプランとして市長が認定する制度である．認定されたプランに対しては，

・市は施策策定にあたってプランに配慮する

・市・地域住民等は地域まちづくり推進に努める

・協働でプランの実現に向けた推進方針を策定する

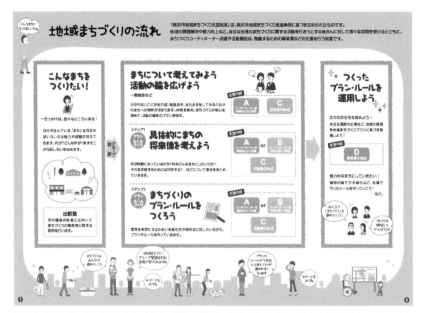

図 4.5 横浜市による「地域まちづくりの流れ」（出典：横浜市地域まちづくり支援制度パンフレット）

といった点が条例で位置づけられており，プラン実現が推進されることになる．

プランとして認定される要件は次の通りである．

① プランの対象となる地域の地域住民等の多数の支持を得ていること．

② 都市計画法第18条の2の規定に基づき定められた横浜市都市計画マスタープランやその他市が策定した地域まちづくりに関する計画に整合していること．

② その他市長が定める要件を満たしていること．

2022年7月現在，この制度によって認定されたプランは20あり，そのうち防災を主な目的とうたったものが14と最も多く，重要なまちづくりのテーマであることがうかがえる．また，日常の安全確保といった地域課題の改善（4プラン）や，活動の推進など総合的な地域の魅力アップを目指すもの（2プラン）も存在している．

b. 地域まちづくりプラン策定の支援制度

　地域まちづくりプランの重要性を踏まえると，プラン策定自体が重要なまちづくりの取り組みであるといえるが，実際に策定にたどり着くことは容易ではなく，ノウハウ等を持ち合わせていない一般市民にとっては一層困難な活動でもある．そこでプラン策定を目標とした活動に対する支援制度を設けている自治体もある．

　前述の地域まちづくりプラン認定制度をもつ横浜市では，「地域まちづくり支援制度」も設けている．特にプラン策定に関わる支援については，コーディネータの派遣（登録されたまちづくりの専門家を地域まちづくりグループに対して派遣．単発 / 年間，両制度あり）と活動費用の助成（原則上限 30 万円 / 年．最大 5 年）がある．また，認定されたプランに基づき実施される事業に対する整備費の助成もあり，プランの策定および実現を後押ししている．

4.7　お わ り に

　ここまで述べてきた通り，今日では，多くの行政のプランが策定されており，市民によるまちづくりプランも増えている．

　しかし，そこには問題もある．たとえばプランの実効性・実現性である．一般にわが国の都市づくりやまちづくりに関するプランは抽象度が高く，制度的にも具体的施策や実際の事業との関係がしっかり規定されていないなど，プランと実現手段の間に乖離があり，作成してもあまり参照されないといった批判もある．これについて近年では，行政のプランにも進捗状況管理の概念を導入し，PDCA サイクル（Plan（計画）→ Do（実行）→ Check（評価）→ Act（改善）の 4 段階を繰り返すことによって，業務を継続的に改善する手法）などによって実効性を高める工夫を盛り込もうとする例も増えているが，まだ一部の取り組みである．また，市民のまちづくりプランは任意性や自主性が高いものだけに，その実現性はなかなか目に見えるものとなりにくいのも実際である．

　あるいはプランの社会的共有である．わが国では，内容はおろか存在すら

市民や多くの主体に知られていないことが多く，プランの認知度の低さは大きな問題である．都市づくりに関するプランの場合，その実現手段が行使された時に市民の権利や財産に影響が及ぶことがあるが，そのような状況になってからはじめて軋轢が生じることもある．しかし，プランが共有と理解を得ていれば，本来そのような状況に陥ることはないはずである．プランに則った行政や活動の推進が一応は浸透しつつある現在，いかにプランの存在と内容を共有し，協働も得ながら実現していくかが重要な課題となっている．

文　献

饗庭　伸・鈴木伸治ほか（2018）：初めて学ぶ都市計画　第二版，市谷出版社．
中島直人ほか（2018）：都市計画学―変化に対応するプランニング，学芸出版社．
大西　隆編著（2004）：都市工学講座―都市を構想する，鹿島出版会．
田村　明（1977）：現代都市政策叢書―都市を計画する，岩波書店．

コラム◆すすむアフリカの都市開発計画と担い手としての中国企業

今日，世界で最も急速に都市が拡大しているのはサハラ以南のアフリカで，都市化率4％以上の18か国中17か国が集中する（2021年）．アフリカでは長らくアジアのような工業化が進まなかったが，2000年頃から中国との貿易投資が急増し，特にアンゴラ，ザンビアなど資源産出国には中国の直接投資が集中，同時にインフラ開発を含む建設投資が活発化している．また中国人ビジネスの海外進出ブームと共にアフリカ各地では中国系のショッピングモール建設が進み，さらに中国政府系企業による集合住宅開発も広がってきた．中国の海外開発進出については鉄道や空港などのプロジェクト輸出が注目されているが，小売商業施設の開発と住宅建設でアフリカの都市景観は変化している．

ウガンダやマラウイなど東部・南部アフリカでは伝統的に小売サービス業は南アジア系人経営の中堅スーパーや現地経営者による中小スーパーが担ってきたが，1990年代に南アフリカ系チェーンストアであるショップライト（Shoprite）などの大陸展開が始まり，同じ南アフリカの飲食チェーン，大型家具店や衣料雑貨店との共同出店によって南アフリカ型のライフスタイルが普及していくことが想像された．しかし，その数年後には中華系不動産投資家による中国式モール「商城」が主要都市にはもれなく開設されはじめ，南アフリカ系

モールと競合するようになっている. アフリカの商城にはコアとなるチェーン
ストアはなく, 多数の中小零細業者の出店で成り立っている. 抑え気味の照明と
娯楽要素を一切省いた簡素なつくりながら既存モールよりも低価格帯の小売り
に集中しており, 進出後は直ちにディスカウントストアのような位置づけを確
立した. 商城は中小零細中国人ビジネスにとってはアフリカ出店の足掛かりを
提供していて, また出店者の頻繁な入れ替えに対応できるよう均一的で汎用的
な店舗区割りになっている. 南アフリカ・ヨハネスブルグでは 8 か所で中国商
城が開設され, 一部の商城では出店者の撤退が多く休業状態にある施設も出て
いる. それぞれの受入国での大規模店舗設置を調整する制度不備の問題はある
が, 商城の出現によって現地消費者は消費生活の中での選択肢が大きく広がっ
たことを実感している.

　アフリカ社会の急激な都市化は住宅供給問題も顕在化させており, スラム改
善などの居住環境改善事業がODA 技術協力や資金供与で進展している. 一方
で中間層以上の住宅供給は専ら地元の不動産業者の担う部分であったが, 大都
市化による交通混雑と中間層の増加によって高まる集合住宅の需要にローカル
の不動産業者や建設業者が技術的資金的に対応できていない状況があった. そ
こへ中国の政府金融とその政府系建設業者による集合住宅建設が各地で急速に
進み始め, 各国では居住地区の景観が急速に立体化している.

　アンゴラの首都ルアンダに開発されたキランバ・ニューシティは4〜12 階
建て集合住宅 9 万戸から成り, 中国が海外で建設した最大規模（35 兆ドル, 中
信集団）の新都市開発事業といわれている. アンゴラでは首都一極集中を緩和す
る衛星都市が独立前より計画されていたが, その実現はアンゴラの輸出する石
油で都市開発の債務を弁済する条件つきで2008 年に中国との協力が実現し
てからになる. キランバは中心部から30 km で, 一人当たり国民所得3000 ド
ル台の国で3 寝室12.5 万ドル〜（2010 年）という価格設定であったが, 売
却が進まず中国はゴーストタウンを建設したと広く批判を集めた. 2013 年に
は分譲価格を7 万ドル〜に引き下げ住宅融資制度を整備したことで一般公務
員の購入可能レベルになり, 遠距離にもかかわらず一転「人気物件」となった（イ
ン, 2019）. また中国鉄建によるギニアの首都コナクリで進むプラザ・ディア
マン開発（26ha, 集合住宅150 棟, 2 寝室20 万ドル〜）は富裕層向け不動産
開発として注目される. 中華系不動産投資家と中国政府系企業によるアフリカ
各国での都市型集合住宅開発は貧困層対象の開発援助としてではなく, 持ち家
や投資物件として位置づけられ対象層が異なっている. このような事業は圧倒

的多数が貧困層の国では優先順位は高くないといえるが,経済発展に伴い新中間層も増加していることから,適切な価格設定と住宅金融の制度整備も同時に促すことができれば一定の役割を担うのであろう.開発援助としての社会住宅供給には相手国政府や自治体行政との協議に長期の準備が必要で短期間で成果を出せないことや,現地の規制などを勘案したデザインづくりのノウハウが中国側に不足していることがあり,結果として開発が容易な場所でまた収益性を勘案して大規模開発が選ばれていることをイン(2019)は指摘している.一般的には貧困層の必要とする居住空間をできる限り安価で大量供給することが望まれるが,増加する都市中間層に向けた不動産開発の需要を中国の協力事業は証明しているのである.

[吉田栄一]

文　献

Yin, K. (2019)：Chinese Investment and Development in African Housing, Centre for Affordable Housing in Africa.

第5章 ▌都市の歴史と景観を考える

5.1 は じ め に

　人口が減少する時代においては，都市の特色をいかにアピールするかが重要であり，都市の歴史を活かしたまちづくり，景観まちづくりは極めて重要な政策課題であるといえるだろう．しかしながら，日本の都市計画の歴史を概観すると，歴史や景観といった要素は必ずしも重視されてこなかった．この章では，私たちが暮らす都市の歴史や景観をいかに理解し，それを都市づくりに活かす方法論について考えていくこととする．

5.2 都市の景観

5.2.1 景観とは何か

　1970年代ごろから全国各地の自治体で景観条例がつくられ，2004年に景観法が制定されるなど，都市行政の一分野として景観行政は定着してきた．しかし，景観法においても「景観」という語の定義はされていない．では景観とはいったい何を指すのであろうか．歴史を概観すると「景観」という言葉はドイツ語の「Landschaft」に対する訳語として植物学者の三好学が考案した言葉である．

　植物学ならびに地理学の分野の用語としては，ある一定の地域的にまとまりのある「景」を指す言葉であるが，近年は個別の建物の外観なども「景観」と表現することが多く，幅広く用いられる用語である．文字通り解釈すれば，「景」（＝ものの様子，さま）と「観」（ものの見方）により成る語であり，

目に見えるさまを人々がどのように捉えているかという認識を指す．都市計画の分野では，戦前は主に「美観」や「都市美」という言葉が使われていたが，戦後は「景観」という言葉が主に使用されるようになった．

　時代によって認識は変化するものであることから，最近は里山の景観や，工場が建ち並ぶ産業景観など，様々な「景」に対する関心が高まりつつある．たとえば，里山の風景保全の必要性が指摘されるようになったのは近年のことであり，数十年前までは，里山の風景はごくありふれたものであった．ところが，市街化が進むにつれ，また農村部の高齢化が進み，山林の手入れが行き届かなくなり，里山の環境が荒れることによって，改めてその希少性，重要性が指摘されるようになったものである．

5.2.2 都市景観の構成要素・種類

　都市景観の構成要素は，① 自然的環境要素（気候，風土，地形，植生，水面等），② 人工的環境要素（土地利用，都市施設，建築物等），③ 社会的環境要素（歴史，文化，生活，経済等）から成り，都市景観はこれらの要素によって，長い歴史をかけてつくり出されたものである．たとえば，城下町由来の都市であれば，歴史的建造物が残っていなくとも，敷地割りや街路の構成は少なからず現在の景観に影響を与えている．また，祭りや市場の景観においては，市民の活動も重要な構成要素である．景観について考える際には，視覚的な景観造形だけでなく，地域の歴史やコミュニティなども含めた総合的な視点をもつ必要性がある．

　市街地内の建築物の多くは私的な所有物だが，公共的な場所から望見できる部分については公共的な性格をもつ中間領域である．景観は公的領域と中間領域にまたがるものであり，「公」と「私」の協調的な関係によって初めて成立する．そのため，良好な景観形成においては公民の協働が不可欠である．

　景観は，空間的広がり，見るものと見られるものとの関係や，見る対象などの観点から様々な種類分けがなされる．対象の空間的広がりから広域景観，都市景観，街区景観と分類されることもあるし，見るものとの距離関係から遠景，中景，近景などと呼び分けられることもある．また，見る対象によっ

て，河川景観，道路景観，港湾景観などに分類されることや，見るものと周辺環境の空間的特徴によって，ビスタ景観，シークエンス景観，まちなみ景観などと呼ばれる場合もある．

5.2.3　景観と都市計画

　日本の都市の景観は欧米の先進諸国に比べてよくないという意見はたびたび聞かれる．その是非はともかくとして，日本においては都市計画の基本法制度である都市計画法や建築基準法において，景観の位置づけはほとんどなく，法に基づく都市計画の目的には含まれていなかったのである．

　このため高度成長期に全国に波及していった開発の波は，歴史的まちなみ，あるいは古都における歴史的環境の破壊を引き起こし，それに反対する草の根の歴史的環境保全運動が各地で展開されていった．これを背景として1960年代後半から独自の景観まちづくりの取り組みを行う地方自治体が増加し，自主条例として景観条例を策定する動きが主に地方都市を中心に広まっていった．大都市部においても，1980年代以降は様々な公共事業において景観への配慮が求められるようになり，景観条例を制定する総合的な景観まちづくりへの取り組みが普及していったのである．

　しかしながら，これらの景観条例は根拠となる法律をもたず，非常に不安定な運用を強いられていた．この問題を解決するために2004年に景観法を制定し，景観が国民共通の資産であることが法によってはじめて明文化したのである．また2005年には文化財保護法の新たな文化財のカテゴリーとして「文化的景観」を設けている．これにより，2006年には近江八幡の水郷（滋賀県），一関本寺の農村景観を選定した．

　このように地方都市を中心とした草の根の市民運動に端を発した景観まちづくりの取り組みによって，日本でも都市計画の中に景観の概念がようやく取り入れられていったのである．

5.2.4　景観まちづくり

　現在，全国各地で様々な景観まちづくりが展開されているが，都市の景観まちづくりには大きく分けて2つの方向性がある．1つは歴史や自然環境の

保全を意図した保全型のまちづくりであり，もう1つは新たな開発において，
良好な都市景観を形成しようという方向性である．

a. 保全型の景観まちづくり

京都や奈良などの歴史的な都市，城下町由来の都市，宿場町，武家屋敷町，
農村集落など，一口に歴史的な町並み景観といっても，その地域の歴史的な
成り立ちによって，その景観には様々な特徴がある．

これらの歴史的な町並みの中でも重要な地区は，文化財保護法による伝統
的建造物群保存地区という制度で保全の対象となっており，2007年5月現
在で全国の79地区が選定されている．

伝統的建造物群保存地区では建物の外観が保全されるばかりでなく，石畳
や生垣，土塀，神社の鳥居などの工作物についても保全の対象となっている
他，既存の建物を周辺の歴史的建築部に調和するよう修景したり，新たに建
設される建物についてもデザインガイドラインが設けられたりしている．歴
史的な建築物だけでなく，トータルな環境を保全する仕組みである．

このような歴史的町並みの残る地区の中には過疎地に立地しているものも
多いため，地域振興，活性化も重要なテーマとなる．また，地区として景観
を保全していくためには，住民の合意と参加が必要となるので，住民参加型
の都市計画事例でもある．

日本における歴史的町並み保存の先駆けとなった中山道の宿場町妻籠宿で
は，伝統的な町並みを重要伝統的建造物群保存地区として定めて保全してき
ており，現在は町並み観光による地域振興の拠点となっている．

このような伝統的建造物群保存地区の他にも歴史的な町並み景観が継承さ
れているところも多い．たとえば，中心市街地活性化のモデルとなった滋賀
県の長浜黒壁スクエア周辺地区は，黒壁と呼ばれる土蔵造りのかつての銀行
の建物を修復し，周辺の歴史的な建築物もリユースしながら景観に配慮した
まちづくりに取り組んでおり，観光によって中心市街地の再生に成功した．

一方，大都市部においても都市内の歴史的資産を保全しながら景観まちづ
くりに取り組むケースが増えつつある．背景として1980年代以降，都市内
の近代建築への認識が高まり，文化財の枠組みだけではなく，景観資源とし
ても重要視されるようになったことが挙げられる．

　神戸の旧居留地地区では，近代の歴史的建造物を保全するとともに，地区計画を策定し，現代的なビルとの調和を図って町並みを形成している．

　横浜では1970年代から都市デザインに取り組んでいるが，旧居留地である山手地区の洋館の残る町並みや，開港以来の都心である関内地区の近代建築，港に残る土木遺産を保全しながら，総合的な都市デザインを進めている．

　眺望景観の保全についても積極的な動きが近年はみられる．先駆的事例としては1973年の松本城周辺の景観保護対策，1984年の岩手県盛岡市における岩手山への眺望景観保全が有名であるが，近年は京都市における眺望景観保全を目的とした市街地内の建物の高さ規制の強化などの取り組みが話題を呼んでいる．

5.3　景　観　法

5.3.1　景観法の制定

　景観まちづくりを進めるためには，それぞれの都市における景観の特徴を読み解き，多くの主体が共有できる方針を示して，それを公民の協働によって実行する仕組みが必要である．わが国の都市計画法制において，この仕組みを実現しているのが2004年に制定された景観法である．

　1919年の旧都市計画法，市街地建築物法（後の建築基準法）の制定によってわが国における近代的な都市計画法制が整ったといわれる．しかしながら，先述の通り日本の法制においては「景観」という概念は明確に位置づけられておらず，以後，現在の都市計画法，建築基準法にいたるまで同様であった．

　1970年代以降は景観の整備を目的とした様々な事業が行われ，地方自治体でも景観条例を策定するなどの努力が続けられてきた．しかし，都市計画の基本法制である都市計画法において，景観が明確に位置づけられていないことは大きな問題であった．この状況を打破し，地方自治体の景観条例に根拠を与えるものとして2004年に景観法が制定されるに至り，やっと景観が法的に認知されるようになったのである．

　1960年代頃からの列島改造ブームにより，全国各地の歴史的町並みの破壊や，京都，奈良，鎌倉といった古都における開発が社会問題化していった．

この賛否を巡って，住民による草の根の反対運動，歴史的環境の保全運動が展開されていった．

　古都鎌倉では鶴ケ岡八幡宮の裏山で御谷の住宅地開発計画に反対する住民運動が日本初のナショナルトラスト運動へと展開し，同様の問題が京都，奈良などの古都でも起こり，これを契機として 1966 年に「古都における歴史的風土の保存に関する特別措置法」（古都保存法）が制定された．

　1968 年に金沢市が制定した「金沢市伝統環境保存条例」は市内に残る歴史的な町並みを保全し，その周辺の景観を調和させることを目的とした条例である．これが国内初の景観条例であり，以後，京都，萩などの歴史都市を中心にこのような景観条例を制定する動きが広がっていった．

　1978 年に制定された神戸市都市景観条例では，歴史的な町並みの残る地区だけでなく，新市街地も含めて全市を対象として景観特性を分析・類型化し，それぞれの場所の特性に応じて都市景観の向上を図るという方針が示された．この神戸市都市景観条例をきっかけに，歴史的な都市のみならず，一般の都市においても，景観条例が普及浸透していった．

　しかしながら，これらの条例についてはあくまで建設関連の根拠となる法律をもたない自主条例である．景観を理由に財産権をどこまで制約することができるのかに関して見方が分かれ，厳しい規制措置を行うことが難しいということになる．そのため，景観条例ができても，実際には有効な規制力をもたない「お願い条例」でしかない場合が多かった．

　一方，滋賀県の長浜市における黒壁スクエア，三重県の伊勢市のおかげ横町のように，地区の景観を活かしたまちづくりの成功例が注目を集めるようになり，観光立国の推進ともあわせて，景観まちづくりによる交流人口の増大や経済効果にも大きな期待が寄せられるようになった．

　このような状況に対して，2003 年に国土交通省が「美しい国づくり大綱」の中で景観に関する基本法制の制定を公約し，2004 年の景観法の制定へと至ったのである．

5.3.2　景観法と景観条例

　景観法では，その基本的理念として，「良好な景観は現在及び将来におけ

る国民共有の資産」であり，「地域の個性を伸ばすよう多様な形成を図るべき」
であることを述べており，地域の自然，歴史，文化等を活かした景観形成が
必要であるとしている．また，景観は，住民にとって身近な範囲で持続的に
形成されていくべきものであるという考えから，住民にとって最も身近な基
礎自治体である市町村が主体的に景観行政を担うというのが景観法の基本的
考え方である．

　景観法制定当時，景観条例をもっている市町村の数が全体の約15％しか
なかったことから，全国一律というよりは意欲のある市町村が景観行政の担
い手となれるように，景観法では景観行政団体という考え方が導入された．
政令市・中核市については自動的に景観行政団体となり，その他の地域につ
いては都道府県がその役目を担う．加えて，都道府県知事の同意を受けた市
町村も景観行政団体となることができ，景観法委任の景観条例を制定するこ
とによって様々なメニューを活かした景観まちづくりが可能となる．

　景観行政団体の数は2021年3月末時点で787団体に上る．

　景観行政団体となることで可能となるのは，景観計画の策定およびこれに
基づく行為の規制，景観重要建造物・樹木の指定，景観重要公共施設の指定，
景観協議会の設立，景観整備機構の指定などである．景観行政団体はこれら
の内容をルール化し，条例を制定することによって景観まちづくりを推進す
る．

　景観条例では一般的に① ゾーニングを行って，それぞれの地区の景観の
状況に応じた景観形成基準を設ける，② 景観資源となる特徴ある建築物，
樹木等を保全する，③ 市民との協働による景観まちづくりの推進，がその
柱となっている．

a. ゾーニングと景観形成の基準

　景観計画では，区域を設定し，区域内の一定の行為に対して，景観形成上
の基準が設けられる．都市計画区域外の農地，山林，河川，湖沼，海域など
も含めることができ，都市と農村，山間部などを一体的に扱うことができる
点が特徴である．

　景観計画の内容としては表5.1に示す通りである．このうち「景観計画区
域における良好な景観の形成に関する方針」は，いわば景観のマスタープラ

表5.1　景観計画に定める内容

① 景観計画の区域
② 景観計画区域における良好な景観の形成に関する方針
③ 良好な景観の形成のための行為の制限に関する事項
④ 景観重要建造物・樹木の指定の方針
⑤ 屋外広告物の表示及び提出する物件の設置に関する行為の制限に関する事項
⑥ 景観重要公共施設の整備に関する事項
⑦ 景観重要公共施設の占用の許可の基準
⑧ 景観農業振興地域整備計画の策定に関する基本的な事項
⑨ 自然公園法の特例に関する事項

ンであり，景観法制定以前に自治体で制定されていた条例における景観形成
方針や景観基本計画などがこれに該当する．

　また，届出の対象となる行為について，「良好な景観の形成のための行為
の制限に関する事項」を定めることになっている．たとえば建築物や工作物
の新築，改築，増築などに関する基準であり，高さ，壁面の位置，形態・色
彩・意匠などに関して基準を定めることができる．基準を満たさない場合は，
設計の変更等を申請者に勧告することができる．また，必要な場合には条例
によって変更命令を出すことも可能である．

図5.1　景観法の対象地域

表 5.2　景観計画区域と景観地区の違い

	景観計画区域	景観地区
目的	届出・勧告による緩やかな規制誘導	より積極的に良好な景観形成の誘導
特徴	・必要な場合には，条例で定めた一定の事項について変更命令が可能 ・区域内で，基準や届出対象区域をいくつかに分けて定めることも可能 ・具体的な基準や届出対象行為については，景観行政団体が条例で定める	・建築物等の形態や色彩その他の意匠といった裁量性が認められる事柄については景観認定制度を導入 ・数字で分かる事柄（建築物の高さや壁面の位置，敷地面積の最低限度）については建築確認で担保 ・土地の形質の変更など必要な規制を条例で定めて行うことが可能
区域の設定	景観計画で区域を定める	都市計画・準都市計画区域内では都市計画，それ以外では準ずる手続き（準景観地区）

　この景観計画に基づく届出勧告よりも，より積極的に景観形成を進めようという場合には，市町村は都市計画法に基づく都市計画として「景観地区」を定めることができる．

　景観地区においては建築物・工作物の① 形態意匠の制限，② 高さの最高限度および最低限度，③ 壁面の位置の制限，④ 建築物の敷地面積の最低限度，を①については必ず，②～④については必要に応じて定めることができる．この他にも木地区の伐採，土地の形質の変更などの行為の規制もできる．

　景観地区に指定されると，建築行為について建物の色彩やデザイン，意匠について市町村長から「認定」を得ることが必要となる．認定が得られるまでは工事の着手が制限され，違反した場合には是正措置の命令，設計士，建設業者に対する処分も可能であり，景観計画に基づく届出勧告よりも大幅にルールとしての実効性が高い．

b.　景観資源を保全し活用する仕組み

　景観計画の中で示される景観形成の基準が主に新築，増築等に適用されるのに対して，すでにある建築物や樹木をまちづくりに活かしていく仕組みが景観重要建造物及び景観重要樹木である．これらに指定されると，現状変更についての許可が必要となる．一方で防火などについて建築基準法の規制緩和が可能となる，相続税の適正評価が行われるなどのメリットもある．

　従来，歴史的建造物を景観資源として保全していく場合，建築基準法の規

図 5.2 近江八幡市（滋賀県）水郷風景計画（景観計画）の景観形成（近江八幡市）

定に合わない「既存不適格」な建物であることから外観を変更せざるを得ない，保全する経済的なメリットがない，といった問題が非常に多かったが，景観重要建造物の仕組みを活用することによって，新たな選択肢が生まれたことになる．景観重要建造物の指定は外観のみの指定であって，内部については自由に利用することができる．

c.　市民との協働の仕組み

　景観法では，住民間の合意によって，景観に関する様々な事柄をルールとして定めることができる制度として，景観協定が新たに設けられた．類似する制度として建築協定があるが，建築協定の対象が建築物に限定されるのに対して，景観協定では，建築物，工作物，屋外広告物，農地，ショーウィンドウの照明時間といったソフトな事項までルールを定めることができる．また，住民間の契約という性格をもつことから，景観計画や景観地区では規定できない建物の用途などをルール化することが可能である．

　また，景観法では NPO 法人や公益法人を景観行政団体が景観整備機構と

して指定することができる．たとえば，地域に残る歴史的建造物を維持保全する活動や，棚田の保全活動を行っている NPO 法人を景観整備機構として指定し，景観行政団体と景観整備機構が協働して維持管理・保全活動を行うなどの展開が考えられる．

　同様に協働による景観まちづくりを進める仕組みとして景観協議会がある．景観協議会は，景観行政団体，公共施設の管理者，景観整備機構などが関係する公共団体や公益事業者，住民などの関係者を交えて協議を行う場として組織されるものである．たとえば，駅前空間のように，鉄道事業者，道路管理者，商店主，地域住民など，多様な主体が関わる場について，景観まちづくりのあり方を議論するといった活用が想定されている．

d.　その他の仕組み

　景観まちづくりにおいては，道路や河川，公園などの公共空間の整備が非常に大きな役割を果たす．従来公共空間の整備はそれぞれの管理者によって行われてきたため，ちぐはぐな整備が行われることも少なくなかった．景観法では重要な公共施設について，景観行政団体と公共施設管理者が協議し，景観重要公共施設として景観計画に位置づけることができる．

　たとえば，市町村の中を通過する国道や県道などは国や県が管理している場合が多いが，景観重要公共施設に定められると基礎自治体である市町村の計画に即して整備が行われることとなる．また，占用許可の基準についても景観計画に定めることができる．

5.4　地方独自の取り組み

5.4.1　法や条例以外の取り組み

　景観法制定以前から，全国各地で景観については地域独自の取り組みが行われてきた．実際に景観法に基づいて景観条例を策定した地方自治体でも，景観法により委任される手続きを条例に組み込むだけでなく，自主的な独自の取り組みを条例の内外に取り込んでいるケースが多い．たとえば全国初の景観行政団体となった滋賀県の近江八幡市では，市民の推薦により独自に「風景資産」を登録するシステムを取り入れている．この風景資産は建物や工作

物，自然環境によってつくり出される目に見える景観要素のみならず，祭りや風物といった様々な要素が登録可能となっている．

また京都市では，景観法活用へ向けての条例改正にあわせて，これまでの景観行政のあり方を抜本的に見直し，都心部の高さ規制の強化，眺望景観保全策を取り入れるなど，都市計画制度と連動して独自の景観まちづくりのルールを導入している．

5.4.2 景観まちづくりに関連する制度

景観に関する制度は景観法のみならず，建築基準法や都市計画法，文化財保護法などにも多数ある．

都市計画法に基づく風致地区や地区計画，建築基準法に基づく建築協定などは景観まちづくりの面でも活用可能な仕組みである．歴史的景観資源を保全する制度としては，文化財保護法における，まちなみ保存を目的とした伝統的建造物群保存地区や登録文化財などの制度がある．

これらの中でも，特に重要なのが屋外広告物のコントロールである．わが国の屋外広告物行政は，屋外広告物法に基づいて都道府県が条例を制定して行われてきたが，2004年の法改正によって，景観行政団体となった市町村については，独自の条例制定権が認められることとなった．

屋外広告物条例の一般的なスタイルは，地域を自然系地域，住居系地域，商業系地域といった形で区分し，広告物の種別ごとに許可の条件を設定するというものである．

しかし，屋外広告物行政に関しては，広告物の種類が多様であること，対象となる広告物の数が多いことから，規制の効果が上がりにくい．また，表現の自由との関係で景観を根拠とした規制を行いにくいといった課題がある．

たとえば，郊外のロードサイドショップにみられるような店舗と広告が一体になったものに関しては，どこまでが広告物か判断が難しい．また，ステ看板と呼ばれる短期的に許可なく設置される安価な看板や，張り紙広告などのように，規制が難しく，除却も手間がかかり広告物の問題もあり，今後の景観まちづくりを考えていく上での大きな課題となっている．

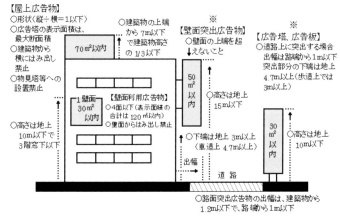

図5.4　屋外広告物条例によるルールの事例（神奈川県屋外広告物条例・商業系地域）

5.5　公共空間の整備と景観

　地域の特色を活かした景観まちづくりを進めていくためには，ルールによる規制のみならず，公共空間の整備などの事業と連動することが重要である．
　近年は再開発等の事業や，道路整備や河川整備といった公共事業において

表5.3　景観まちづくりに関連する主要な制度

根拠法	制度名	想定される目的
都市計画法	景観地区	良好な景観の形成
	風致地区	自然環境，住環境保全
	地区計画	良好な市街地環境の形成
	高度地区	高さの最低限度，最高限度の指定
	特定街区	一体的な景観の形成，再開発等における歴史的建造物の保全
建築基準法	建築協定	住環境，まちなみの形成
	総合設計制度	市街地環境の向上,
文化財保護法	登録文化財	歴史的資産の保全
	伝統的建造物群保存地区	歴史的まちなみの保全
	文化的景観	歴史的景観の保全
屋外広告物法		屋外広告物のコントロール

も必ず景観への配慮が求められている.

　一例を挙げれば，国の補助事業であるシンボルロード整備事業では，歩行者空間の整備にあたって，電線類の地中化や舗装や照明灯を景観に配慮したものとすると同時に，沿道建物に関して景観形成を目的とした地区計画や建築協定の策定を行うこととしている.

　また，商店街やモール整備においても，景観に関するルールづくりと公共空間の整備を連動させることによって，相乗的な効果を上げているケースも多い．規制のみならず，事業によって景観を誘導し，公民の協働によって特色ある景観まちづくりが可能となる.

第6章 ■ 働く環境を考える

[影山摩子弥]

6.1 はじめに

　都市は，おびただしい数の中小零細企業に加え，大企業や政府機関，自治体行政機関も立地しており，多くの者が企業や行政機関で就労している．その就業時間は1日の大半を占め，人生における比重も大きい．近年では，従業員のワーク・ライフ・バランスに熱心に取り組む事業体が多くなったものの，労働生活の質はいまだ大きな課題である．

　労働生活における古くて新しい課題は「労働における主体性」である．かつて労働の主体性は，体制側（企業側）と労働側の対立点であったが，近年では経営の永続性にとって重要との企業側の主張が目につくようになった．たとえば，日本経済団体連合会「高等教育に関するアンケート結果」（2018）によると，学生に望む資質として最も多かったのが「主体性」，次いで「実行力」，「課題設定・解決能力」となっている．業務における主体性は，自分で問題を設定し，解決のために自律的に行動（実行）することをイメージしているといえ，これらの要素は深い連関の中にある．この点は興味深い．

　なぜなら，社会の期待に応えることによって経営の永続性を図ろうというCSR（Corporate Social Responsibility：企業の社会的責任）や企業にとってその一環であるSDGs（Sustainable Development Goals：持続可能な開発目標）と同様，社会の期待と経営的要請との交点を求める時代の特徴を共有しているからである．つまり，現代の主体性論は，企業側の要請という面ももつことによって新たな時代を示唆する面が読み取れるのである．

　そこで，本章では，企業が従業員の主体性を求める背景を明らかにしつつ，

それが時代の要請であることを示し，システムを根底的に規定するシステム理念に着目して，システム転換との関わりで主体性の要請がもつ現代的意味を明らかにする．

6.2 近代の主体性論とその陥穽

6.2.1 資本主義と労働の主体性

近代においては，身分制からの解放が企図され，人々が自らの主人となる市民社会が成立し，雇用されて働くという就労形態が一般化する．就労の場では，経営者の指示を受けて働くことになるため，自己の労働の主人になりえず，主体性を確保できない．政治的には解放されるものの，経済的には上意下達のシステムの中にあり続けるという矛盾を抱えることになる．しかし，労働の主体性は，このような抽象的な議論のレベルにとどまるものではない．就労の場では，過重労働や低賃金，児童労働などがもたらされ，貧困や社会格差を生むことになる．また，公害が生み出され，生活が汚損される．つまり，労働疎外・人間疎外が必然化するのである．この背景には，市場がもつ特有の原理がある．

資本主義市場経済では，企業家が自らの努力で得た利益を得ることができる一方，失敗も自己が負わねばならない．その場は，参入が自由であるため，原材料の確保から販売に至るまで，競争が行われる．しかも，企業間での情報交換がなく競争相手の手の内が読めないという，孤立した状態で打ち勝たなければならない．そのため，程よいところで手を休めることができず，できる限りの努力が強いられる．その結果，「最大利潤の追求」が必然化し，競争は弱肉強食の厳しいものとなる．

競争に打ち勝つためには，コスト削減や魅力的な製品づくり，効果的なマーケティングなどの企業努力が必要となる．その一環で，経営者は人件費削減のため労働者に劣悪な労働条件や低賃金を強いる．さらに，コスト圧縮のために有害な原料が使われたり，環境保全対策がおろそかになったりする，虚偽広告や過剰広告が行われるなどの問題も生ずる．しかし，近代社会は，身分制を廃した社会であり，労働者は奴隷ではない．なぜ，経営者は労働者が

望まない過重労働や低賃金を強要でき，労働者はそれを甘受せざるを得ない
のであろうか．働いた分の賃金を受け取るのであれば，低賃金にあえがなく
ともよいはずである．そのメカニズムを明らかにしたのが K. マルクスである．

6.2.2　市場の原理

　マルクスによれば，労働者はその労働する能力である労働力を商品として
売る売り手であり，経営者は買い手である（マルクス，1965，p.233）．つま
り，労働者は「一定の期間を限って，彼の労働力を買い手に用立て，その消
費にまかせる」（p.220）のであり，労働力商品の買い手は，「働かせる権利」
を手に入れることになる（p.302）．労働者は，自らの労働力を使用する権利
を経営者に渡したわけであるから，労働過程では，経営者の指示に従い，被
支配状態に置かれる．身分制からの解放を果たした市民社会において，労働
者が自らの主人になり得ないのにはこのような背景がある．

　そうなると，過重労働や低賃金を甘受せざるを得ない．つまり，モノの価
値は，それが生み出される労働時間によって決まると考える労働価値説に基
づけば，労働力の価格は，「労働力の生産に必要な労働時間」，つまり，「生
活手段の生産に必要な労働時間」によって決まる（マルクス，1965，p.223）．
それが賃金や給与となる．働いた時間が賃金や給与となるわけではないので
ある．

　その際，人間は機械とは異なり「柔軟な」側面があるため，切り詰めた生
活は可能であるし，消費財の価格が下がれば，その分，賃金を圧縮すること
ができる．さらに，夫婦共働きであれば一人当たりの所得が低くても生活は
できる．そこで労働力の買い手は，コストを抑えるため，低賃金や劣悪な労
働環境での就労を求め，さらに，労働力の購入価格と労働力の使用によって
生み出される価値との差を大きくするために長時間の過重労働を強いる．し
かも，労働力の需要よりも供給が多いという相対的過剰人口の状態にあれば，
労働力の売り手のバーゲニングパワーも下がり，低い労働条件を飲まざるを
得なくなる．その帰結が労働側の貧困であり，社会格差である．

　さらに，企業における労働過程は，経営者側の管理下にあり，何をどのよ
うに生産するかを決定できるのは経営者である．そのため，コスト削減のた

めに環境対策が手薄になったり，有害な添加物が使われたりといった行為を
回避させる権限を働き手はもたない．労働の主体性の欠如は，抽象的な人権
問題であるだけでなく，過重労働や低賃金，社会格差，環境破壊，食品公害
などの社会問題を生む要因となるのである．

　市場経済が労働疎外・人間疎外を必然的に伴うのであれば，その克服のた
めには市場という経済システムを廃し，労働者自身が経営を行い，自らの主
人になる社会が求められる．そのような社会は，19世紀の科学的社会主義
の提起以降，現実の社会主義／共産主義として意識的に目指されていく．

6.2.3　20世紀自主管理の陥穽

　ロシア革命によって体制転換を果たしたソ連では，スターリン体制を経て
中央集権的な体制が定着する．その上意下達の体制に対し，東欧の一部諸国
では，人々の主体性を重視する自主管理の体制が目指される．中でも最もド
ラスティックといえるユーゴスラビアの例をみてみよう．

　ユーゴスラビアの企業もヒエラルキー型をしていた．それでは，末端の従
業員は命令を受けるだけで主体性を確保できない．そこで，企業の経営を担
う経営委員会を労働者集団から成る労働者評議会の下に置き，経営委員会の
メンバーを労働者集団から選出する制度が導入される．当時の経営委員会は，
毎年改選，三選禁止のローテーション，4分の3は肉体労働者であった（佐
藤，1975，p.205）．

　上意下達のヒエラルキー型の場合であっても，労働者評議会が経営層の人
事を決め経営戦略を策定するのであれば，論理的には企業は労働者集団の手
の中にあり，日々の業務遂行は自らの決定に従うことになる．理性の特性で
ある一般性に基づく理性主義的な解釈である．しかも，毎年改選や三選禁止
など，上下関係が固定化するのを防ぐ工夫もあった．

　しかし，日々の経常的業務における上意下達の関係は解消できていない．
たとえ，経営層の人事や事業計画などの大きな決定を労働者集団全員が参画
して行い，労働者集団から経営層が選ばれたとしても，その実行の過程であ
る経常的業務において指示する者と指示される者との人格的分離が生じ，経
営管理層と現場の労働者集団との間には上下関係が成立する．つまり，意に

沿わない決定に従わせるのであれば，そこには強制力が行使されざるを得ず，現場労働者の主体性は確保されない．

　この問題性を軽減するために毎年改選・三選禁止といった措置が必要となるのであるが，上下関係が存在するという構造的課題は解消されない．しかも，そのような措置ゆえにもう1つの問題が生ずる．つまり，経営を担う素養や経験，知識のあるなしにかかわらず経営委員会に選出される可能性があり，経験を積もうとしても毎年改選・三選禁止によって阻まれる．その結果，経営人材の育成に支障が生ずるのである．

6.3　現代経営と働く者の主体性

6.3.1　ネットワーク型組織の登場

　労働疎外・人間疎外の克服を企図する論点は，経常的業務における上下関係や経営人材育成の阻害といった問題を生ぜしめた．他方，1980年代になると，ネットワーク型の組織形態が注目を集めることになる．

　近代を特徴づける組織は，ヒエラルキー型を取る．経営者がいて，その下に部長や課長，係長がおり，さらにその下に末端の従業員がいるという組織であり，固定的な上意下達の命令系統から成る．他方，ネットワーク型の組織は，末端の従業員の自律性を組み込んだフラットな機構である．末端の従業員の自律性とは，それまでその上司を含めた中間管理職が行っていた業務上の意思決定を末端の従業員が行う形態であり，業務における主体性を組み込むことを意味する．たとえば，製品の受注や原料の発注について現場の従業員が相当程度の意思決定を行い，特殊な受発注のみ経営層が判断するのである．その結果，意思決定を行っていた中間管理職が必要なくなり，組織形態としては，フラットなものとなる．

　もちろん，フラットであるといっても，非営利組織のように組織内の関係が完全に対等なものになっているわけではない．事業計画など重要な経営事項の意思決定を行う経営者はおり，高さが低いピラミッドといった方がよい．

　ただ，注目されたのは，組織形態が特異であるからだけでなく，それが現代の経営環境に対応するために志向されたものであり，生産性や効果的な業

務といった観点から必然化したためである．つまり，労働過程を人間の生活過程の一環と捉え，人間的なものにするという，「生活の論理」からの主体性論ではなく，業務の効率性や売上といった経営戦略的観点からの主体性論である点が疎外論に基づく議論と異なっていたのである．

ただ，ネットワーク型は，中間管理職が抜けた程度であり，高さが低くなっただけでピラミッド型のヒエラルキーからは脱却できていなかった．つまり，中間管理職すべてがいなくなり経営層と現場の社員だけになったとしても，指示する者とされる者という固定的な上下関係は存在したのである．それに対し，よりドラスティックであるのがティール組織である．

6.3.2 企業組織の歴史的展開

ティール組織は，経営者といえども一方的な意思決定権限をもたない．日々の業務に関わる決定事項から，投資計画や予算，人事，業務内容，業務時間など，通常の企業であれば経営層が決定する事項も社員が決める．経営者は，外部に対しては組織を代表するが，組織内においては，最上位の決定権限者ではない．このような組織を自律分散型という．

なお，ティール（Teal）とは青緑色のことである．この組織名を提唱したF.ラルーが組織の歴史的特徴を色で表現しており，現代の新たなドラスティックな組織をTeal（青緑色）と表現していることに由来する．

6.3.3 ネットワーク型組織とティール組織

ラルーによれば，ティール組織はこれまでの歴史の最後に登場するものの，最終的な組織形態ではない．その前提の下，ラルーは，これまでの組織とは異なるティール組織の特徴を次のように整理している（ラルー，2018，p.92-93；100-392）[1]．

第1に，自主経営，つまり，従業員の主体性・自律性である．経営者は，通常の企業が経営層の決定事項としている経営戦略的事項についても，従業員に一方的に指示したり，従業員を無視して意思決定したりすることができ

---

[1] ラルー（2018）92-93頁に3つの特徴が簡潔に，100-392頁には各特徴が詳細に記載されている．

ない．経営戦略の策定や財務事項，人事から日々の業務に至るまで，すべて
従業員が決定し，実行するのである．しかも，その意思決定の信頼性が担保
されるための機能メカニズムがティール組織にはある．

　つまり，ある企画や改善事項などを発案した社員は，周りの者や関係者，
専門家の意見を聞いた上で意思決定を下さねばならない「助言プロセス」な
ど，集団的知性（ラルー，2018，p.111；141）を導く意見の調整メカニズム
が組み込まれている．しかし，他者の意見を聞くとはいっても，他者の意見
に従う必要はなく，個人やチームが下した決定は，組織が最も大事にする価
値に抵触したり，助言プロセスを忘れていたりしない限り，実行することが
できる．ティール組織論の重要性は，単に組織形態を論ずるだけでなく，こ
のような機能メカニズムについての議論があることである．現実に機能する
ためのメカニズムが定義されていなければ，絵に描いた餅に過ぎない．

　このような組織は，社員の判断を過度に信頼した危うい性善説に基づいて
いるようにもみえる．しかし，ラルーは，組織の方針に合わず辞めていく者
や解雇された者の事例も挙げている（ラルー，2018，p.213-214）．また，組
織のあり方が人を育てる面があり，このような組織に適合した人材が育成さ
れていくことも指摘できる．その結果，稼働メカニズムに沿った人材が組織
を構成し，労働の主体性が実現されると共に，営利事業体としての意思決定
や組織の稼働が妨げられず，労働の人間性と経営との両立が図られることに
なる．

　以上のように，多くの業務上の意思決定が現場の従業員に移譲されている
ものの経営層の機能が残っていたネットワーク組織に比べ，ティール組織は，
よりドラスティックな組織である．それゆえにラルーは，ティール組織をネッ
トワーク組織と区別している．

　ティール組織の2番目の特徴は，全体性である．全体性とは，従業員が会
社において「情緒的，直感的，精神的な部分」も含めて自分をさらけ出して
業務を行うことである．通常の業務は，合理的，理性的側面でこなすことが
想定されているのに対し，ティール組織では，感性的要因も重視されている．
この点は示唆に富む．感性的要因の重視は，理性主義に基づく合理主義的組
織を超えるといえるが，心理的安全性（エドモンドソン，2021）の観点から，

自分をさらけ出せる組織は生産性が高いことが指摘されている.

　ティール組織の特徴の3番目が存在目的である. ここでの目的とは，利益でも成長でもない. 利益は，「仕事をうまくやり遂げたときの副産物」(ラルー，2018，p.331) に過ぎない. 存在目的とは，社会的使命^{ミッション}のことと解してよい[2]. 企業の社会的使命とは，社会から期待される役割を集約したものである一方，存在目的とは企業が存在する目的を社会にとっての意味から規定するものであり，両者は同義といってよい.

　ティール組織の3つの特徴を概観すると，ネットワーク組織との近接性が見て取れる. 次節で詳述するように，ネットワーク型の背景には，経営の継続のために構成員の自律性を高めることによって，多様化・複雑化し，変化が早い社会の期待やニーズに応えるという課題がある. ティール組織の1番目の特徴である自主経営といえるほどの権限移譲ではないにしても，自律性を組み込むという点では，ティール組織につながる点を指摘できる. ネットワーク組織は自律分散型組織の端緒的形態と位置づけられる.

　また，顧客の感性を把握し，対応するためには，従業員の感性の作動による共感の機能が必要となる. その結果，ティール組織の2番目の特徴である感性的要素を組織にもち込み，全体性が組み込まれることになる.

　さらに，自律性の契機となる社会のニーズや期待を集約し，抽象化したものが，社会的使命であり，存在目的である.

　このようにティール組織は，ネットワーク組織の延長上にある. 前近代および近代の組織と自律分散型組織との社会システム論的相違に着目すれば，むしろ，ネットワーク組織とティール組織との相同性が指摘できる. ラルーの議論の限界はここにある. 組織の歴史を包括的に論じながらも，組織の社会システムとの共時的連動とそれを背景とした組織間の異同を論ずる観点の欠如によって，現代を特徴づける2つの組織形態の相同性が論ぜられず，社会システム上の変化にとってもつ意味も示されていないのである.

---

[2] ラルーは，ホラクラシー創業者の次のような言葉を引用している. 「重要なことは…『この組織の使命は何か？』を見極めることです.」(ラルー，2018，p.335)

6.4　社会変革における労働の主体性がもつ意味

6.4.1　主体性が求められる社会的背景

　組織の末端の社員にまで主体性が求められるのは，先進国における市場の
ニーズや社会課題の解決ニーズの先鋭化に対応するためである．つまり，物
質的豊かさを背景にニーズの要求水準が高まると共に個別化し，それが市場
や社会課題の多様性や複雑さを呼ぶことに加え，ニーズの移ろいやすさも市
場の多様性や複雑さに拍車をかけている．グローバル化が財やサービスの選
択肢を増やし欲求の対象が変化しやすくなるのである．多様なニーズに迅速
に対応するためには，ニーズを把握した現場で対応する必要がある．旧来の
ように，把握したニーズへの対応を提案し社内で承認を得る手続きを取った
場合，対応が遅れたり，正確に情報が伝わらず的確な判断がなされなかった
りする．この状況は日本にも当てはまる．

　戦後日本は，1970年代初頭まで高度成長と呼ばれる伸長を示したが，
1971年のドルショックおよび1973年の第1次オイルショックの影響がうか
がえる落ち込みを示し，90年代初頭のバブル崩壊後の低迷が続いている．
この低迷は，物質的充足度が高く，大きな成長の余地がなくなった社会，物
質的に豊かな社会を示す可能性がある．

　つまり，付加価値額ベースおよび就業人口ベースで戦後日本の産業構造の
変化をみると，第1次産業が戦後一貫して縮小し，第2次産業は戦後一時的
に割合を増やし就業人口も増えるが，縮小傾向にある．代わって大幅な伸長
を示したのが第3次産業である．それは，食や物質的財貨の充足をイメージ
させる．第3次産業の伸長は，ペティ＝クラークの法則が示すように経済の
発展を示し，その帰結としての物質的豊かさの一定の水準が確保されたこと
を示しているのである．

　しかし，人々の行動や意識が統計数値と一致するとは限らない．人々が物
質的豊かさを感じていなければ，個々の事情や志向性に基づいたニーズを追
求することによる多様性は生まれない．この点に関して興味深いのは，内閣
府の「国民生活に関する世論調査」で「これからは心の豊かさに重きを置く

か物質的豊かさか」を尋ねた質問に対する回答結果である．1979年を境に心の豊かさが物質的豊かさを上回るようになり，その差は開く一方である．物質的には充足されてきていると読み取れる．それを背景に，ニーズの先鋭化や移ろいやすさも進んできたのである．

なお，日本における輸出入の推移をみると，**趨勢**として輸出入額とも大きな増加傾向にある．それは，消費者や企業に対して様々な財やサービスが世界から提案されていることを示している．その中で，次々と興味・関心が変わり，ニーズの移ろいやすさが生じているのである．

現代社会のこのような特性の下でニーズに対応するためには，ニーズに接する現場での的確な判断と対処が必要となり，従業員の自律性もしくは主体性が求められる．しかし，労働の主体性は，体制変革との関わりで論ぜられてきた経緯がある．労働の主体性が時代の要請であるとすれば，それは社会の変化という歴史的マクロ的現象にとってどのような意味があるのであろうか．その点を明らかにするためには，計画と市場という，表層的制度に着目した観点ではなく，社会の深層を明らかにする観点が必要である．

6.4.2 システム理念

人が社会に適応していく過程を社会化と呼ぶ．人は社会化によって，自らの価値観や判断基準，志向性に基づきながらも社会を安定的に稼働させる一方，社会を変革する．つまり，社会の変革は，社会が人の手を通して自己変革を果たすとも解せる（影山，1994，第1章）．だとすれば，人と社会（の諸制度）に通底する価値観なり制度の設計理念なりがあることが指摘できる．たとえば，合理主義の機構は合理主義的な判断や志向性によって稼働する．このような通底要因をシステム理念と呼ぶ．そこで時代を前近代，近代，現代と分けてシステム理念の特徴をみていくことにしよう．

前近代の社会においては，科学技術が未熟であり，第一次産業に比重があった．工業の領域も職人の手作業が一般的であった．農業・漁業・林業においては，天候にかかわる経験や伝承が重要となり，職人の領域は，OJT（On the Job Training）による経験を通して技能を習得・蓄積する徒弟制度が成立していた．また，共同体的紐帯を維持するために，日々の交流や祭りなど

の経験を通して価値観や行動様式を共有することになり，個の埋没と表現される状況が生ずる．このような社会は，人間の認知能力のうち感性が重要となる．すなわち，感受性や欲求，知覚，情動などを包摂する感性は，認識論的には，共感認識のツールであり，認識のためには接触が契機となるため，体験や経験が重要な要因となる．理性による知見に基づく科学技術の展開が未熟であり，感性主義に埋没しているという意味で前近代のシステム理念は即自的感性主義と表現できる．

　一方，ルネサンス以降の近代においては，目覚ましい発展や豊かさをもたらす科学技術の発展を背景に，理性に着目がなされる．つまり，近代は，理性主義をシステム理念とする．理性は，認識論的には，対象化認識のツールであるが，派生的な特性をもつ．

　まず，理性は事物を「対象」という共通性に還元し，その認識は法則性や一般性，普遍性が求められる．理性は，共通性や普遍性を特性とする．

　また，R.デカルトは，高度な理性的認識の領域である学問の体系を樹木にたとえているが，理性は，物事を認識したり整理したりする際，樹形図的な体系を指向する（デカルト，1973，p.25）．この樹木のような体系の根を上にもってくればヒエラルキーの組織となる．近代の合理主義の官僚組織や企業組織がヒエラルキーであるのは，理性の特性を反映しているのである．

　一方，ヘーゲルは精神（理性）の「実体ないし本質は自由である」（ヘーゲル，1994，p.38）としている．この場合の自由は，欲望の赴くまま好きなことを行うことではない．その場合，欲望の奴隷になっているに過ぎず，自由とはいえない．自らを理性の制御の下に置けることこそ自由な状態なのである．カントが自由を理性の規則原理とする（カント，1927，p.76）のも，理性が自己規律（自律性）によって自己を認識し制御しうるからである（p.54）．近代思想において，労働の主体性が求められたのは，理性の原理に沿うからでもあった．

　理性主義の社会が，主体が自由に活動する市場や民主主義のシステムをもつのは，自由という理性の特性による．なお，市場経済が，相互に情報交換や協力関係がない孤立的主体から成る場としてモデル化されるのは，理性主義の下で協力関係に基づいて組織を形成する場合ヒエラルキーを指向し上下

関係を生ぜしめるため，一切の共同性を排除せねばならないからである．このように整理すれば，近代の資本主義社会や20世紀社会主義社会において，ヒエラルキーの組織とフラットな市場が両立していた必然性が説明できる．

6.4.3　ティール組織の歴史的意味

　以上に基づけば，自律分散型組織が前近代や近代のシステムとは異なる特性をもつことが見て取れる．1980年代に議論されたネットワーク組織は，完全にフラットな組織ではないものの，それまでの組織と異なる組織構成原理をもつ．したがって，ネットワーク型も含めてモデル化すれば，いずれの組織も従業員の自律性・主体性を要件とするフラットな機構となる．図で表現すれば上下関係がない網の形で描かれることになる．もちろん，それは，実質的な関係性においてであり，形式的な機構として階層が存在しないわけではない．

　つまり，ラルーは，ティール組織が階層をもちフラットではないとしている（ラルー，2018，p.229-230）．経常的業務の中でチームや部署をまとめ，指示する立場が存在することを指摘していると思われる．ティール組織が進化の最終形態ではないゆえんでもある．しかし，組織形態と実質的関係性は区別すべきであり，自律分散型組織は，構成員が日々の軽微な判断から経営判断まで管掌し，上下関係が固定しないという意味でフラットなのである．指揮系統が固定的である自主管理社会主義や従業員の権限の範囲が限定的なネットワーク組織とは異なる．

　さて，自律分散型は，組織であるのにフラットであり，自律性を要件とするにもかかわらず組織を形成する．近代の組織がヒエラルキーを形成し自由を保障し得ない一方，自由を保障するために一切の共同性を排除した市場を形成せざるを得ないことからすれば，異なるシステムといえる．その自律分散型組織の契機は感性にある．つまり，把握せねばならない顧客のニーズも，それを把握する従業員の共感機能も感性要因である．そして，感性が接触性の認識ツールであるため，顧客と接する現場が重要となり，現場の自律性を高めねばならないのである．しかし，組織形態としては近代とは異なるものの，自律性は理性の機能であり，近代の理性主義を踏襲する面がある．感性

のために理性の自律性が動員されるのである．また，理性が生み出し高度に発達した科学技術の成果も生産や生活の中で活用されている．

　他方，感性が重要な契機を成すものの，価値観や判断基準，行動様式を共有し，一枚岩の集団としてモデル化される共同体とは異なる．つまり，組織構成員は自律性をもちそれぞれの判断で行動する．また，そのことによって組織に多様性がもち込まれイノベーションなどのシナジー効果が生まれる．

　しかし，1つの組織にまとまるためには，何らかの基軸がなければならない．ティール組織においては，自律的主体を組織にまとめ上げるための精神的基軸として存在目的ないしミッションが組織内で共有され，全体と個に通底する規範となる．ラルーは，ティール組織の場合，「文化の必要性は低下するのだが，影響力は強くなる」（ラルー，2018，p.391）としている．その点では，価値合理的な面をもち，共同体をイメージさせる．しかし，共同体とは異なり生活習慣や様々な規範を共有するわけではなく，自律性を担保する自省機能を伴う．その点で，自律分散型組織は，感性主義的側面をもつものの，理性の契機を感性のために組み込み，即自的感性主義や理性主義の要素を独自の形で現代に引き継いでいる．ニーズや共感，存在目的への共鳴などが重要な要因となる一方，その機構を稼働させるために理性主義の自律性を組み込んでいる点で，自律分散型組織のシステム理念は，対自的感性主義と呼ぶことができる．

　以上のように，自律分散型組織は，新たな時代のシステム理念を体現するものであり，現代は，新たなシステムへの転換点にあるのである．

6.5　お わ り に

　日本においては，少子高齢化が進み，人口も2008年の1億2808万人をピークに減少に転じている．筆者の本務校がある横浜市も人口減が推計されている．その背景には，日本全体において，働きにくさ・暮らしにくさが進むとともに，自分のキャリアコースがみえず，人々が人生に不安を抱いていることがある．人々が生活しにくく安心感をもち得ない社会が人口減に直面することには必然性がある．

　その中で，労働の領域においては人間らしい働き方が求められている．その一端が労働の主体性である．しかし，業務量が増えたり，自分の経験や知識では対応できない内容の業務をこなすことになったりすれば，かえって働きにくさが増す．企業内においては，主体性が業務の効果的遂行に連動するための制度や主体的働き方に必要な素養を形成するための人材育成制度，従業員がそれぞれの生活に求める内容を阻害しないための制度が整備されなければ，主体性は人間的な労働要因にはなり得ず，企業も経営の継続性を手に入れることはできない．都市の地域企業が働く者の主体性を尊重し主体性を支える制度を整備することによって，働きやすく暮らしやすい地域となり，経営の持続可能性と地域の活力が高まるのである．

文　献

デカルト，ルネ（1973）：デカルト著作集 3 哲学原理，白水社．

エドモンドソン，エイミー（2021）：恐れのない組織，英治出版．

ヘーゲル，ゲオルク（1994）：歴史哲学講義 上，岩波書店．

影山摩子弥（1994）：世界経済と人間生活の経済学，敬文堂．

カント，イマヌエル（1927）：実践理性批判，岩波書店．

マルクス，カール（1965）：資本論 I a，大月書店．

ラルー，フレデリック（2018）：ティール組織，英治出版．

佐藤経明（1975）：現代の社会主義経済，岩波書店．

第7章 ▎観光を考える

［有馬貴之］

7.1　はじめに：観光学の基礎概念

　高等学校において観光学という授業はな
く，「高校で観光を学びました」という生徒
は大変少ない．そのため，皆さんの多くは大
学に入ってはじめて「観光を学ぶ」こととな
る．ただ，観光学は皆さんがこれまでに学ん
できた地理や歴史，政治・経済，または生物
や物理，数学といった基礎学問とも関係する
学問である．つまり，観光学は様々な分野の
学者が観光をテーマに一堂に会し，それぞれ

図7.1　観光学と既存学問

の調査，分析，見解を示し合うことで成り立っている（図7.1）．そのため，
大学生であっても比較的早く観光学に新たな知見をもたらすことができる．
是非とも本章を機会に観光学や地理学などに興味をもっていただき，学問の
扉を開けて欲しい．

　さて，皆さんは観光という言葉の定義について考えたことがあるだろうか．
観光という語は中国の古典である易経の「観国之光，利用賓于王（国の光を
観る，用て王に賓たるに利し）」がもととなっている．この「光を観る」と
いう文言をみれば，「観光」＝「地域の風光明美な風景を見る，眺めること」
だと想像されるかもしれない．その解釈は語源的には間違いではないが，実
は，現代の「観光」についての解釈は少し異なっている．今日では学術界だ
けでなく広く一般にも，観光の英訳は sightseeing ではなく，tourism とさ

れる．近年でも，エコツーリズムやマイクロツーリズムのようにツーリズムという言葉を耳にするようになってきた．

tourism は，回ることを意味する tour に，習慣や状態を示す ism が付与されたものである．したがって，人々が移動・周遊する，その1つの大きな流動が tourism であり，もはや行先に風向明媚な風景が存在すること，またそれを眺めることが絶対条件ではなくなっている．そして，tourism は労働を常とする日常とは異なる時間，つまり余暇時間に行われることから，観光，すなわちツーリズムとは「非日常生活圏への移動・流動」として定義づけられる（溝尾，2009）．本章はこの観光を理解，応用する学術的視点の一部を紹介するものである．

その前にもう1つ，観光そのものを理解する時に役立つ観光を捉える視点についても述べておこう．観光を捉える視点には①消費者，つまり観光者（発地）の視点によるものと，②訪問地域，つまり観光地（着地）の視点によるもの，そして③それらを結ぶ交通や旅行会社，メディアといった観光媒体の3つの視点に整理できる（図7.2）．観光は大変多様で複雑な現象であるが，観光について論じられているとき，もしくは自らが論じているとき，この「観光の構造」の概念を踏まえておけば，システマチックに観光を理解でき，迷うことはないであろう．

たとえば，この観光の構造において「都市」はどう位置づけられるであろうか．より具体的には都市住民が深く関与する部分はどこであろうか．都市住民は比較的所得も高く，自然地や農村などの都市外の色々な場所に出かける．その場合，都市は発地となり，都市住民は観光者となる．一方で，住民が居住する都市自体も観光地として捉えられ，その場合，都市は農村や他の都市から人々を迎え入れる着地となる．「都市と観光」と一言でいっても，観光の構造を意識することで調査，分析，考察する上での複数の視点がみえてくるのである．

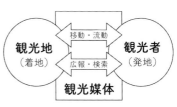

図7.2　観光の構造

7.2　観光は我々にどのような効果をもたらすのか？

　都市に限らず，世の中で観光に注目が集まる理由は，観光が我々人間やその社会に何かしらの影響を与えているからであろう．本節では「観光の効果」特に自然環境を対象にした観光の効果について述べる．都市の内外には多くの自然環境が存在する．皆さんも，公園，そして海や山に行ったことがあるであろう．自然資源を対象とした観光は，ガイドの手ほどきを受けながら自然を楽しむエコツーリズムや，地域の特徴的な地形や地質を楽しむジオツーリズム，またはラフティングなどの自然環境にアクティブに対峙するアドベンチャーツーリズムなどがある．これらの効果には一体どのようなものがあるであろうか．今回は，観光の効果を良い効果と悪い効果，すなわち「正の効果」と「負の効果」に分けて整理したい（表7.1）．

　まず，正の効果として，観光者の心身や学びの話題を取り上げる．まず，旅行で山の中の森を散策したとすると，人々は「癒しの効果」を得るといわれている．これは皆さんも感覚的に理解できるかもしれない．たとえば都市内の公園であっても，木々の緑を眺めるだけで欲求不満が減ったり，仕事に意欲的に取り組めるようになったり，ストレスの回復が早かったりするともされている．また，精神だけでなく，身体自体の回復も早いという研究結果もある．皆さんも何か負担を感じた時は，自然のある場所に赴き，ゆっくりと自然を眺めてみよう．旅に出る意義を感じられるかもしれない．

　実は，眺めるという行為をせずとも，ただ単にそこに身を置くだけで効果が得られるということもわかっている．自然の中に身を置くと，心身の緊張が和らいだり，対人的な感情が上手くなったりするという．これは人間の成

表7.1　観光における正負の効果

正の効果	対	観光者	心身への癒し，学び
	対	観光地	地域経済への貢献
			地域コミュニティの活性化
負の効果	対	観光者	混雑やマナー問題
	対	観光地	資源の荒廃

長とも関連しており，幼少期に自然の豊かな場所に多く訪問した人々の方が，成人期の対人コミュニケーション能力が高くなるといわれている．林間学校が行われるのもこれらの効果が期待されているのであろう．なお，林間学校のように自然について「その場で学ぶ」ことは，自然への対峙技術の獲得にもつながる．たとえば，動物に対しての恐怖心がない大人は，子どもの頃に頻繁に自然と触れ合っていた人が多いという．また，子どもの頃から「人間は環境とともにある」という意識が育まれることも指摘されている．仮に都市の観光を学ぶとしても，都市だけでなく，都市外の自然地に赴き，様々な経験を得てもらいたい．それが客観的に都市の観光を学ぶきっかけにもなると思う．

　なお，他にも観光の正の効果は存在する．たとえば，地域経済への効果，地域コミュニティの活性化といった，地域に対する正の効果が挙げられる．したがって観光は観光者自らにも，訪問先の地域や人々にも正の効果を与える win-win の結果をもたらすことができる．

　一方で，観光には「負の効果」が存在するということを忘れてはならない．まず，自然地に人々が訪れることで混雑やマナー問題が生じる．たとえば，観光者が癒しの効果を得られると期待して自然地に行ったとしても，その場が他の観光者で混雑していたら，癒しどころではないであろう．さらに，観光者が多くなればゴミの問題や不法投棄の問題も生じてくる．つまり，観光を振興すれば必ず正の効果が得られるわけではなく，むしろ逆に負の効果がもたらされることがあるのである．

　さらに上記の負の効果が進展すれば，地域の資源自体が荒廃することもある．たとえば，オーストラリアのグレートバリアリーフにおけるサンゴ礁の破壊の事例である．グレートバリアリーフでは観光者によるサンゴの踏み荒らしや日焼け止めクリームによる水質の汚染により，サンゴの白化（死滅）現象がみられるようになった．観光による自然環境への負の効果は，オーストラリアだけではなく，我々の身近でもみられる．たとえば，山登り時に図7.3のような道を歩いたことはないだろうか．人々が登山道を使えば，登山道の土砂が流れやすくなり，周囲の木々の根が露出しやすくなる．これも観

光による負の効果の一例[1]といえる.

　資源の荒廃は自然に関わる話だけではない. ここでもオーストラリアの事例を1つ紹介する. オーストラリアのエアーズロックは, その偉大な風景もあり, 登山がなされていた. 皆さんもエアーズロックと聞くと「登ってみたい」と思うかもしれない. しかし, エアーズロックの登山口にはかつて図7.4のような看板があった. 「We Don't Climb」と書かれたこの看板は, その文字通り「私たちは登らない」と宣言をしている. この私たちとは誰であろうか. ご存知かもしれないが, エアーズロックは正式名称をウルルといい, オーストラリアの先住民アボリジニの方々の宗教的な聖地である. 観光者はその

図7.3　登山道の侵食（著者撮影）

図7.4　エアーズロック登山口に設置されていた看板（著者撮影）

---

[1] 土砂が流れやすくなるガリー浸食や根の露出は, 観光による自然資源の荒廃ではあるが, 温暖化や森林伐採等のより大きなスケールの自然破壊に比べれば小さいものである.

ことを知らずに登ってしまっていたかもしれないが，自らは畏れ多くて登ることのない大切な聖地を，外から来た多くの観光者に登られていく気分とはどのようなものであろうか．観光者が資源について何も知らずに，たとえば綺麗な写真が撮れる等の動機の行為は，地域の人々にとっては決して良いものではないことがある．つまり，我々は観光者として地域住民の気持ちを踏み躙ることがあるのである．したがって，我々はしっかりと「責任のある観光者」である必要がある．

一方，観光地においては観光の管理，すなわちマネジメントが必要不可欠となっており，負の効果の対策が行われることも多くなった（菊地・有馬，2015）．エアーズロックも現在では登山は禁止されている．これは今日の観光の世界的な潮流である．

前節で述べたように，観光，すなわちツーリズムは人々の移動・周遊を根本とする物理的な現象である．それゆえ，観光地へも物質的な影響を与えることは自明である．しかしながら，「人間」による移動・周遊であるがゆえに，我々は人間への精神的な影響や，人間による経済的な影響に着目し，かつ正の影響を殊更に強調しがちとなる．今後，皆さんが観光についての調査や研究を行うときには，是非とも客観的な視点を大切にしてほしい．たとえば，よく「成功事例」として取り上げられる現象があるが，その成功事例という言葉を単純に鵜呑みにしてはいけない．仮に誰かにとっての成功事例であれば，それは誰かにとっての「失敗事例」である可能性もある．要は単眼的な視点だけで観光を議論せずに，複眼的な視点での議論ができることが観光学では求められているのである．

7.3 観光と空間・施設配置——楽しい空間を理論と共に理解する

本節では，観光を理解する1つの方法として「空間的考察」の視点を紹介する．その例として，テーマパークとして著名な東京ディズニーリゾートを題材にする．東京ディズニーリゾートにはディズニーランドとディズニーシーの2つのテーマパークがあるが，今回は特にディズニーランドに焦点を当てる．

　ディズニーランド内にはアトラクションやレス
トランなどの多くの施設があり，それぞれは各
テーマランドに合わせたデザインが基調となって
いる．そのことでテーマランドごとに独特の雰囲
気を味わうことができる．また，各テーマランド
には中心的なシンボルとなっているアトラクショ
ンや建物もある．たとえばシンデレラ城はプラ
ザ[2]のシンボルであろう．さて，このディズニー
ランドのテーマランドは一体どのように配置され
ているだろうか．思い出してみてほしい．園内に

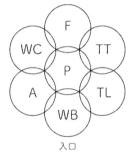

図 7.5　東京ディズニーラン
ドにおけるテーマラ
ンドの配置

入ると，最初はワールドバザールというお土産購入や飲食のできる施設が集
うテーマランドがあり，そこを抜けて行くと，シンデレラ城のあるプラザで，
さらにそれを抜けて奥に行くとファンタジーランド，その左にはウエスタン
ランドとクリッターカントリー[3]，右にはトゥーンタウンがある．実はこの
テーマランドの並び方は，他のテーマパークや遊園地にはないディズニーラ
ンド独自の一体感を生み出している 1 つの秘訣といえる．その理由を説明す
る上で重要なキーワードは「正六角形」である．ディズニーランドの各テー
マランドの中心は，真ん中のプラザを囲む形で正六角形に並んでいるように
みえる（図 7.5）．実際には偶然かもしれないが，この正六角形を意識した
とも取れるテーマランドの配置が重要なのである．説明を続けよう．

　皆さんがディズニーランドの園内を歩いている時は，どのようなものを見
たり，聞いたり，嗅いだりしているだろうか．非日常の空間においては，散
策をしている身の回りにあなたを惹きつけるもの，ひいては非日常の世界に
誘うものが存在しているはずである．たとえば，シンデレラ城を常に横目に
眺めていられれば，あなたはディズニーの世界に常にいるように感じられる
であろう．その他の音や匂いもディズニーの世界を感じさせるものかも知れ
ない．この観光や非日常の空間において人々を惹きつけるものをウィニーと

---

[2] シンデレラ城周囲の空間はプラザと呼ばれるテーマランドである．

[3] ウエスタンランドとクリッターカントリーはそれぞれのエリアの面積が小さいため，今回の話で
は便宜的に 2 つで 1 つのテーマランドとして扱う．

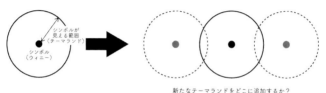

図 7.6 ウィニーと到達範囲

いう（山口，2015）．このウィニーを来園者に常に感じさせ続けることができれば，つまりウィニーの連続性が保てれば，皆さんは常に非日常の世界，ディズニーランドの場合はディズニーの世界にいられるのである．

そして，このウィニーを各テーマランドのシンボルと見立てれば，テーマランドが正六角形に並ぶ理由がみえてくる．プラザのシンボルであるシンデレラ城が見える範囲，つまりディズニーランドの世界を感じられるプラザをシンボル（シンデレラ城）から同心円上の一定の距離として図 7.6 に示す．しかし，このプラザだけではディズニーランドとしては面積が小さく，来園できる客数が限られてしまう．そのため，エリアを拡大する必要があるが，シンデレラ城が見える範囲を広げることはできない．そこで，シンデレラ城と同規模の新たなシンボルを中心とするテーマランドを追加しようと考えてみる．そのシンボルはどこにあればよいであろうか．仮に，シンデレラ城の右隣に並列に置いてみると全体の面積は広がるかもしれないが，敷地の形が歪になる．左隣においても同じである．そこで，数学的に最も効率の良いシンボルの数と配置を計算してみる．すると，周囲に 6 つのシンボルを，正六角形の頂点にそれぞれ配置させることが最も合理的な配置となるのである（図 7.7）．図 7.7 のように，正六角形のそれぞれの頂点にシンボルを配置し，プラザと同じ範囲を広げると，一番効率よく全体の面積を拡充する方法となる．言い換えれば，それはそれぞれのテーマランドの重なりが最も少なく，拡大できる配置である．

そして，さらに考えてみたいことがある．それ

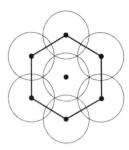

図 7.7 シンボルとテーマランドの最も合理的な配置

は化粧室（トイレ）やゴミ箱，もしくはポップコーン販売ワゴンなどの園内に広く分布している施設である．皆さんはディズニーランドで化粧室に迷ったことはあるであろうか．大体どこにでもすぐ近くに化粧室があったのではないだろうか．この化粧室の配置も先ほどの正六角形の理論で説明することができる．化粧室というのは，必要とあればすぐに行きたいものである．つまり，いつでもすぐ近くに化粧室がある状態になっていることがテーマパークとしても重要であり，各園内に化粧室も園内に均等に配置することが望ましい．

図 7.7 のようにテーマランドが均等に並んでいる状態があり，仮に各テーマランドのシンボル内に化粧室が併設されていたとしよう．では，化粧室にすぐに行ける範囲（到達範囲）をここに示してみよう．1つの化粧室でエリアの全体をカバーできることは考えにくく，到達範囲は少し狭くした．するとテーマランドの縁では，すぐに化粧室に行くことができなくなる（図 7.8）．この場合，どこかに化粧室を新しくつくらなければいけないであろう．では，どこにつくれば最も効率がよいであろうか．これも先程と同じように数学的な計算をすると，中心のテーマランドと外の 6 つのテーマランドが 3 つ接する正六角形の各頂点に同規模の化粧室を設置し，同規模の到達範囲をひくと効率よくエリアを充足するようになる（図 7.9）．

以上より，改めてこの「正六角形」というキーワードがテーマパークや遊園地の配置を考える上で重要であることがわかる．この合理的な配置の理論は地理学ではクリスタラー

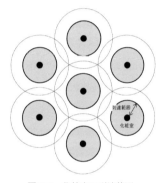

図 7.8 化粧室の到達範囲

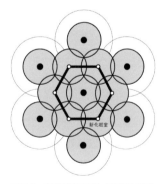

図 7.9 新化粧室の最も合理的な配置

の中心地理論[4]として大変著名なものとなっている（杉浦，1989）．なお，正六角形という多角形は自然界にもみられる．たとえば，マグマが冷え固まると柱状節理という正六角形の綺麗な割れ目ができる．また，蜂の巣はハニカム構造という正六角形の構造となっている．このような自然界でも採用されるのが正六角形なのである．なお，クリスタラーの中心地理論は，ディズニーランドだけではなく，他のテーマパークや遊園地などはもちろん，様々な分布の理解や活用に役立つものである．ぜひ，身の回りの施設や配置に援用してもらいたい．

7.4 観光とプロモーション——伝える方法を理解する

　最後に観光におけるデザインや企画の提案といったクリエイティブな事象について整理してみたい．観光におけるデザインや企画としてイメージしやすいのはたとえば旅行ツアーの企画かもしれない．現在，様々な地域，および企業が独自のツアーや企画を行っている．特に近年では，謎解きゲームや脱出ゲームといった，ゲーム性が取り入れられた企画も多い．つまり，遊びやエンターテイメントの要素も観光のデザインには重要である．デザインを考える上ではターゲット，コンセプト，そして使用場面を決定した上で，それらに適したツールを考えるのが常套な手順である（筒井，2015）（図7.10）．

　そこで本節では，観光のデザインの特にプロモーションと呼ばれる広告や広報に焦点を当て，この手順に準拠しながら考えていきたい．たとえば，皆さんがとある地域のDMO[5]に勤めることとなり，編集者かつ誌面デザイナーとして自らの地域を宣伝する紙面媒体を作成することになったと仮定しよう．なお，現在自らの地域の資源や観光スポットの写真や情報などはふんだんにもっている．さて，そのような中でどういったデザインの雑誌を作成すればよいのであろうか．様々な思いが頭を巡ると思うが，そもそも何から考

---

[4] 中心地理論の提唱者であるクリスタラーは，ディズニーランドをみてこの理論を考えたわけではない．ドイツ国内の都市の分布を考察することからこの理論は生まれた．

[5] DMO とは Destination Management/Marketing Organization の略で，観光協会に代わって地域の観光振興を進める団体である．

図7.10　デザインの手順における3要素（筒井（2015）を参考に筆者作成）

えればよいのであろうか．たとえば，その地域では雄大な風景を享受できる
湖があり，その写真を使って誌面をデザインしたいと思うかもしれない．し
かし，そこから一体どういったデザインにすればよいだろうか．途方に暮れ
るかもしれない．

　そのようなときこそ，上述したターゲット，コンセプト，使用場面という
手順の話に戻ってほしい（図7.10）．たとえば，まずは①「当該地域のこと
を全く何も知らない人」をターゲットとして決め，次にその人々に②「当該
地域における魅力ある過ごし方を伝える」というコンセプトを決める．そし
て，③現地ではなく，「自分の家で見てもらう」という使用場面を決める．
これらを具体的なデザインよりも先に決定する必要がある．これを言い換え
れば，男女問わず当該地域のことをほとんど知らない人が，当該地域での過
ごし方を迷わないために，またそれを自分の日常のライフスタイルのアクセ
ントとしても取り入れてもらう雑誌となる．そのような雑誌は，魅力的な地
域資源の写真と文字情報で過ごし方を伝え，保存したくなるガイドブック形
式がよいかもしれない．このように徐々に雑誌のデザインや企画が定まって
いく．逆に，「当該地域の魅力ある過ごし方」を伝えるデザインであっても，
ターゲットを「すでに地域への関心が高い方々」，もしくは「何回か過ごし
たことのある来訪経験者」とした場合は，どのようなコンセプトがよいであ
ろうか．おそらく，具体的に過ごし方を伝えるというよりも，過ごし方にも

様々なバリエーションがあるということを伝え，その多様さを楽しんでもらいたいというコンセプトがよいであろう．そのため，媒体としては月に複数回発行される雑誌やフリーペーパーがよいかもしれない．その場合，冊子のデザインは，文字情報を沢山入れる必要はなく，様々な印象を想起させるポップなデザインなどもあり得よう．

　このようにプロモーションにおいては，的確なデザインでのコミュニケーションをとることが必要である．また，その感性も重要になる．そういった感性を培うためにはどうすればよいであろうか．勝手ながらアドバイスをするのであれば，第1に皆さんの身の回りのデザインを見て回ることから始めるのがよいであろう．観光的なデザインはもちろん，世の中の全てのものは何かしらの意図をもったデザインが施されている（武正，2003）．もちろん自分の趣味から始めるのでもよい．たとえば，地理学者である私は地図のデザインなどが気になることが多々ある．たとえば，たまたま金沢に訪問した時に金沢市街地の観光地図をみつけた（図7.11）．ここで取り上げられてい

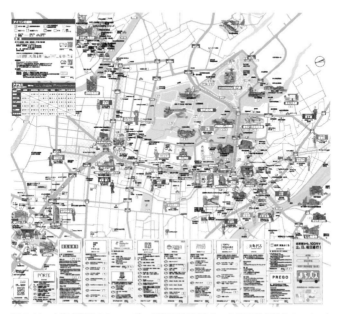

図7.11　金沢市街地のショッピング観光地図(出典：金沢商業活性化センター)

る情報は，買い物の情報，特に女性向けのショッピング施設であった．つまり，この観光地図は，金沢の観光者にも買い物を楽しんでもらいたいというコンセプトを訴えていると想像できる．このように皆さんの身の回りのデザインはどうなっているだろうか．色々見比べていくことで，自分なりにデザインの良し悪しが判断でき，感性が磨かれるはずである．

　最後に，映像によるプロモーションについても述べておく．観光のプロモーションには様々なものがあり，今後はVRやAR，メタバースといった動的な観光プロモーションが広く貢献するであろう．中でも映像，つまり動画はYouTubeやTikTokなどで頻繁に閲覧されるようになり，身近な情報媒体となっている．各国，各地域もプロモーション動画を作成している．是非，上記に述べた金沢の地図の例のように，任意の動画を閲覧し，明確なターゲットが浮かぶか，どのようなことを伝えたいのか，その動画はどのような場面で見られることを想定しているのか考え，動画の感性も養っていただきたい．

　総じて，観光のデザインも，観光を振興していく上で重要な事項や視点の1つであり，観光学や地理学の研究上においても大変有用な知見をもたらす．皆さんも自らの研究として取り組んでみてはいかがだろうか．

文　献

菊地俊夫・有馬貴之編著(2015)：自然ツーリズム学―よくわかる観光学，朝倉書店．
溝尾良隆（2009）：観光学の基礎―観光学全集第1巻，原書房．
杉浦芳夫（1989）：立地と空間的行動―地理学講座第5巻，古今書院．
武正秀治（2003）：デザインの煎じ薬・全十三包―じわじわとデザインのことがわかる本，美術出版社．
筒井美希（2015）：なるほどデザイン―目で見て楽しむ新しいデザインの本。，エムディエヌコーポレーション．
山口有次（2015）：新ディズニーランドの空間科学―夢と魔法の王国のつくり方，学文社．

第8章 ┃住む場所を考える

［後藤　寛］

8.1　はじめに

　本章では東京大都市圏における人々の住み替え行動と結果形成される地域の特徴を例に，統計データなどの客観的な指標を用いて都市の大きな姿を地域差に注目しながら俯瞰する視点を学ぶ．

　都市は様々な異なる性格をもつ地域が組み合わさって形成されており，地域の性格は土地利用のされ方，住宅地に限れば住む人々の社会的属性によって決まる．大都市圏に生きる人々はそれぞれのライフステージにあわせて住宅／地域を住み替え，あるいはどこかのまちに居着いて生きている．そのような個人の居住地選択の集合的な動向とその理由を追うことで都市社会の全体像がみえてくる．

8.2　人生最大の買い物（家）をどこに買うか

8.2.1　若者が多数住む街はどこか

　若者が全国から東京（首都圏）に上京してきて暮らす場所の代表はどこだろうか．それは第二次世界大戦後一貫して中央線沿線を中心に山手線の西側（一部内側も含む）の一帯である．新宿，渋谷，吉祥寺，下北沢など若者文化の拠点に近いため音楽，演劇はじめ様々な若者文化，広義のサブカルチャーを志す若者が集まるだけでなく，周囲に大学も多く都心への通勤にも便利ながら家賃水準はリーズナブルなため若者が集まり続ける．

　このような街は常に転入者，転出者とも多く人口の代謝が盛んという意味

では，自治体にとって常に若者であふれるうらやましい存在にみえる．とはいえまちに帰属意識をもたない人が大半で，長い目でまちづくりを考えるにはかえってハンデになる．人が入れ替わり続けることは不安定な状況であり，今後とも若者の流入が続くが地元自治体にコントロールできるものではない．

じつは若者のまちは規模こそ小さくともあちこちにある．多くは大学街で，関西では京都市，都内では八王子市が代表例である．大学周辺ではアパートやワンルームマンション，居酒屋など単身の若者向け店舗の集積がセットでみられ，それら店舗にとっても客層が入れ替わりつつ安定している好ましい地域マーケットとなっている．

若者の街以外で特定世代が集中する街はあるだろうか．かつては企業ごとに社宅があり，規模の大きいところは団地を形成していた．終身雇用を前提に年功序列人事とライフステージがリンクしていた時代の福利厚生システムの1つだったといえる．周囲が皆ステータス，年齢，家族構成も同様なコミュニティが人を入れ替えながら持続していたわけだ．過去の地域統計データをみると社宅のある街はファミリー層の特定の年齢層だけが集中する特殊な人口構成が確認できる．若者の街と同様年齢構成が変わらないため周囲の保育園や小学校の需要が安定して存在する特殊な事例だった．社宅は現在ではかなり減ったが独身寮の多い街では今でも大学街と同様の特徴がみられる．

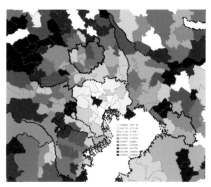

図8.1　20〜29歳単独世帯（＝独身者）の分布（平成27年国勢調査より筆者作成）

8.2.2　首都圏での転居行動（住宅すごろく）

中央線沿線の若者たちはライフステージの進行に伴い，いつまでも安アパートと若者文化に浸っているわけにもいかず，人それぞれ就職なり結婚なりを機会により広い住宅を求めて住み替えていくことになる.

時期は様々ながら，多くの人はいずれより広い住宅に住み替えをするだろう. 昭和の頃には上記のような社宅で暮らす人も多かったが，もちろん大多数は自分で住宅を確保する必要がある. 高度成長期にはインフレが進んでおり，住んでいた住宅を売却する際には買ったときよりはるかに高く売れ，それを原資により広い家への住み替えが繰り返し可能だった（西山，2010）. このことを前提に上京時に23区西部にまず住んだ若者は，就職し結婚するにつれ，最初は団地や社宅住まいからいずれマイホームを購入し，さらに庭付き一戸建てを目指して住み替えていった. その際，広い家を入手できる場所として郊外のより遠くを選ぶこととなる. こうして増加する人口を吸収する場所として駅から遠い場所や地形条件が良くない土地も開発されて住宅が供給され，その結果首都圏（大都市圏）が拡大するサイクルは住宅すごろくと呼ばれ，最後にはやや遠い郊外でも広い庭付き一戸建てが「あがり」とされていた.

この現象を地域の視点でみると，住宅開発のたびに広範囲でいっせいに同じような規模・価格帯の住宅が建設される繰り返しが起きたことになる. すると当然そこに入居した人たちの年齢（世代）や所得水準のような社会属性が均質なまちが次々と生み出されたことになる. 結果として十数年後に家族のライフステージが進み子どもが独立すると，世帯人員の減少による人口減少とともに平均年齢が一気に上昇してはじめて地域課題として現れ，さらに十数年後には住民がいっせいに高齢化して福祉ニーズだけが急増する事態になる. これが昨今の高齢化問題の深刻な本質である.

大規模開発はその時点では子育て世代が集まることで街が活気づくと歓迎される. だが特定世代の集中は保育園不足の待機児童問題にはじまり小学校不足などインフラのキャパシティオーバーの問題を次々と引き起こして最後は高齢者福祉施設の不足に行き着く. しかも一時的な需要とわかっているので自治体は解消に及び腰になる. タワーマンションでも全く同じことが繰り

返されており今後も続くことに注意が必要である．都市は時間をかけて世代
交代を繰り返して成熟することで年齢層のバランスがとれ，このような問題
は解消するはずなのだが，大規模開発に依存していては解決することはなく
都市の持続可能性にマイナスに働くと意識する必要がある．

　そもそもこのような首都圏の継続的拡大は関東大震災後から始まった歴史
の長いものである．じつは大正時代まで，都心部では時代劇そのままの長屋
生活をする人々が多数いた．ようやく住環境の向上に目が向いた時期に関東
大震災が発生し，焼け出された人々の郊外移住の流れが一気にできた．その
ためには広い土地が必要なので市街地面積は急拡大し通勤をはじめとする日
常移動圏が拡大した．その移動手段として公共交通機関が急速に発達し，そ
れまで山手線内側いっぱいに拡がっていた路面電車ネットワークに加えて昭
和 10 年頃までに一気に JR の放射状の電車路線（京浜東北線・総武線・常
磐線など）や私鉄各線が成立した．第二次世界大戦中の疎開や被災，戦後の
急速な人口増加で郊外化はさらに進み，土地が不足する中で中層の団地が発
明されて大量に建設された．こうして首都圏はどんどん外に拡がって周囲の
町村を呑み込みベッドタウンと呼ばれる郊外都市を増加させたが，そのプロ
セスで年輪のように，開発された時期によって特定世代の人たちが集中して
住む住宅地を次々と繰り返しつくってきたのである．

　こうして 1 都 4 県（茨城県南西部も含む）を含み新幹線通勤まで定着する
ほどに首都圏は拡大したが，21 世紀に入る頃からタワーマンションがブー
ムになると風向きが変わった．産業構造の転換で都心近くの工場や倉庫の跡
地活用としてタワーマンションが建設され，ウォーターフロント（東京では
江東区，中央区，港区，品川区にかけて，大阪では西区，港区，此花区）は
一転して人気の住宅地となり人口が急増した．

　こうして住宅地選好のトレンドは都心・駅近の利便性重視に変わり，都市
圏全体としてはコンパクトシティ化に舵が切られる．するとそれまで拡大一
辺倒だった大都市圏が一転して縮み始めた．都心部に転居する人が続出する
と郊外の外側から人口減少が目にみえて現れてきた．人口が減ると店舗は撤
退しバスなど交通の便も悪化する．かつてのニュータウンはゴーストタウン
と揶揄されるようになった．そのような街に取り残されるのは引越し余力の

 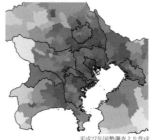

平成27年国勢調査より作成
塗分け単位は市区町村

a) 1951〜1955年生まれ世代の居住地分布　　　　　　b) 1971〜1975年生まれ世代の居住地分布
60〜64歳人口率　　　　　　　　　　　　　　　　　　40〜44歳人口率

図8.2　コーホートごとの居住地分布比較（平成27年国勢調査より筆者作成）

ない高齢者世帯が大半なため高齢化問題も顕著な課題となっている（図8.2）．地域によって居住者の年齢構成にはかなりの偏りがあり，コーホート[1]の概念を踏まえて地図を見比べるとその地域差から主な開発時期がわかる．

　全国一タワーマンションが多いのは大阪市であり，関西は都市圏の収縮がより進行しているため研究も先行している（一例として冨田（2015））．1995年の阪神・淡路大震災後，都心勤務の人は周囲の徒歩・自転車圏に居住する一方で郊外に居住する人は近辺に職を求める傾向が強まり，一体の巨大な通勤圏に近かった大都市圏の人の流れが郊外それぞれに分極した．通勤ラッシュは激減したが，生活圏が分かれたことで人々の意識も地域差が際立つだろう．

　このように世代による居住地の違いは人口構成のアンバランスを生じさせ，地域ニーズの極端な偏りから自治体財政にも影響する．現状の都市問題の本質を理解するには歴史を踏まえる必要があるが，別の問題の萌芽が現在進行形で進んでいることも多い．

---

[1]　生年が近い人たち．国勢調査の調査間隔を踏まえて5歳階級でまとめている．

8.3 居住地選択の視点と地域イメージ

8.3.1 地域イメージの影響

　皆さん自身もこれから社会人となって様々な選択肢の中から家を選んで借り，買うことだろう．一般的には勤務先への通勤アクセシビリティをもとに街を絞り，自分が払える家賃相場から候補を選ぶだろうか．憧れの街に住みたいために部屋のスペックに妥協する人，間取りや日当たりにこだわって交通の便を二の次にする人もいるかもしれない．住宅地選好の要素は数多く，合理的な条件の他に感覚的な要素も様々働く．住宅が高度に商品化された大都市圏では気軽に居住地選択ができるので地域性やイメージの影響は大きい．

　昨今のファミリー層の居住地選択には教育環境や保活（保育環境）が最重視され，加えて買い物の便利さと住環境の良さのバランスで判断する人が多いが，地域イメージ，地域ブランドも無視できない要素である．リクルートすまいカンパニーが毎年発表している「住みたい街ランキング」の 2021 年版を例に挙げると，以前は常連となる街は山手線沿線ばかりで変動が少なかったが最近は郊外住宅地がランク入りすることも増えた（suumo）．2021年版ベスト 10 のうち横浜（1 位），吉祥寺（3 位），大宮（4 位），浦和（8 位）と山手線西側が 6 駅ある．この調査は各駅周辺を対象とするとされているが，回答者が厳密にその認識で答えているとは限らない．勤務先や遊び場として憧れるとしても本気でそこに住む生活を想定しているだろうか．横浜市の外からのイメージを考えると，みなとのみえる丘や山手，みなとみらい，多摩田園都市の高級住宅地など実際には離れた場所に多くの人が憧れるだろう場所がいくつもあり，これらが混じって憧れのイメージが勝手につくり上げられているように思えてならない．昨今首都圏では子育て環境の整備を中心に自治体間のニューファミリー層誘致競争が激しいが，実際の自治体ごと転入人口をみるとそれら施策の先進市よりも横浜市への転入者の方が多く，横浜という地域ブランドの強みは一朝一夕には揺らいでいないようである．

8.3.2 転居行動の変化

　タワーマンションブーム以来，湾岸（豊洲や晴海，月島など）や武蔵小杉をはじめ地域が一度人気となると居住希望者が殺到し際限なく開発が繰り返され，地域インフラ不足が起きるほどの人口増を繰り返してきた．地域の歴史から切り離されてブランド化されたことの負の影響といえるだろう．

　1980 年代まで，首都圏はまるでケーキを切るようなかたちに地域がはっきり分かれ（セクター構造），人々は誰に指示されるでもなくその範囲の中で転居を繰り返して，その後，人気の住宅地の形成にあわせて，最初に千葉県浦安市（新浦安周辺の開発にともなう）．次いで東京都江東区や中央区などに山手各地からの転居の流れが増える（渡邉，1982）．ウォーターフロントは下町にありながら居住者類型としては山手になった．その後のタワーマ

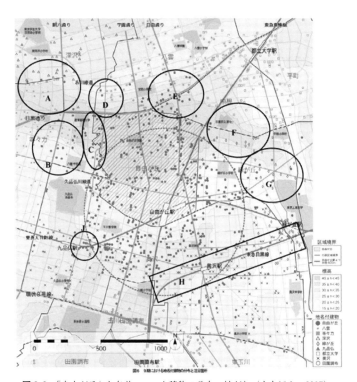

図 8.3　「自由が丘」と名前のついた建物の分布の拡がり（大友ほか，2007）

ンションブームや住宅地開発のブランドマーケティングにより，つくばエクスプレス沿線をはじめ開発の魅力に惹かれて山手・下町といった枠にとらわれない転居行動が当たり前になっている．

　ビルやマンション・アパートのオーナーにとってはイメージの向上が入居率，家賃相場の向上に欠かせない．そのためブランドとなる地名から外れる周辺地域でもそれを冠して建物名称につける例がしばしばみられる．ビルやマンション，アパートなどの名前につける地名に決まりはない．大友ほか（2007）の研究は自由が丘を取り上げ，周辺地域であってもブランド地名を冠する例について，地名をつけた建物の分布と町名の拡がりを比べて本来の町名の範囲からどれほどはみ出したところまで立地するのかを数量化し，世田谷区の各地名のブランド力を比較し評価している（矢野，1996）．都市解析的アプローチは客観的事象だけではなく，街のイメージのような感覚的・主観的な事象も含め要素を数値化して客観的・数量的に解き明かすことができる．

8.4 都市を比較する視点と方法

8.4.1 地理情報システムとは

　本章では居住地選択を切り口に，場所による違いに焦点を当てる視点とデータを用いて客観的に現象を評価し比較する方法を紹介してきた．この視点が都市解析という発想でありそれを実現するツールとして GIS（地理情報システム）や地理情報科学がある．

　GIS とは電子地図を扱うソフトウェアやクラウドサービス，それを活用するビジネスや役所の業務ノウハウなどを広く指す．情報基盤の軸の 1 つとして社会の様々な場面で使われている．皆さんがスマホでナビや地図アプリを使う際にそれらを支えるデジタル地図や位置をもつ各種情報，ビジュアルを交えて表現するソフトウェアまで位置・空間情報を扱うシステムもその一部である．スマホの位置を把握するには GPS という専用の人工衛星からの電波から位置を計算する高精度なシステムと，携帯電話がそれぞれの時点で交信しているキャリア基地局のログを用いるシステムがある．位置情報の使用

を許可すると様々なアプリが周辺情報や店舗等の広告を入れることもある．自ら情報を求めた結果（プル型）がナビ，情報が提供されてくるのが地図アプリ（プッシュ型）と整理すると両者が背中合わせであることがわかるだろう．コロナ禍の際にニュースで繁華街に集まる人々の人数の変化を盛んに取り上げていたことは記憶にあるだろう．あれは多くの人の携帯電話の位置情報履歴をビッグデータとして活用した事例である．

　民間企業では顧客の住所分布から地域ごとの売れ行きの特性にあわせた販売計画を立て，店舗それぞれの立地，家賃と売り上げのバランスをみきわめるエリアマーケティングに地図が重要な役割をもつ．宅配便など配達・巡回する業種では効率的なルート決定のツールとして道路事情を踏まえた最短ルート検索に用いられる．電気・ガス・水道などのインフラ事業では地中に埋設された管はじめネットワークの管理が基盤であり，実際 GIS が最初に導入された分野である．

　IT 大手の中では Google が早くからビッグデータの核になる宝の山として目をつけ，Google Earth やストリートビュー，マップと一体化したナビの開発など特に力を入れてきていた．ポケモン GO もそこからスピンアウトしている．かつては位置情報を取得するにはレーダーなど自前でセンシングツールを用意する必要があったが，前述したように GPS や携帯電話そのものの位置情報（キャリア基地局へのアクセス情報）の利用が可能となり，東日本大震災やコロナ禍など非常時をきっかけに一般への認知が高まってきた．他にも（一時期物議を醸した）鉄道系 IC カードの利用情報など，リアルタイム位置情報をもつ企業は「モバイル空間統計」や「アグープ」のようにそれぞれビッグデータとしての活用を拡大しようとしている．

8.4.2　横浜市の自治体 GIS

　行政分野では土地や公共財産の管理分野をはじめ水道，福祉や教育では位置や地域差が重要な場面が数多い．横浜市は国内最大の基礎自治体で業務量も膨大であり，デジタル化による業務効率化のために国内の自治体でも早い時期から GIS の導入が進めてきた．かつて自治体 IT 化の中心的政策として推進された「統合型 GIS」は行政組織とのすり合わせが難しかった例が多

かったが，横浜市ではシステムの重複回避，効率的な管理体制の構築，「iマッ
ピー」（横浜市行政地図情報提供システム）による地図プラットフォームの
公開といった難題をクリアして実現してきた点が特筆される．

8.4.3　都市解析とは

　携帯電話のリアルタイム位置情報について今一度考えながら，空間分析の
ツールと理論の関係について考えよう．単に人の増減を把握するだけではさ
ほどの情報価値はない．そこに現れる一人一人がどこに住んでいてどこに通
勤するためにその街を通るのか，どのような目的で買い物やレジャーのため
にその街に来たのか，のように移動の背景を生活スタイル全体の中での文脈
を把握できるとデータの価値ははるかに高まる．このような情報はプライバ
シーそのもので慎重に扱わなければならないし，そもそも完璧な情報は誰に
も手に入らない．だがリアルタイム位置情報ができるはるか前から様々な情
報を突き合わせて個人の生活スタイルと位置情報を再現する理論や方法が開
発されていた．リアルタイムではないものの国勢調査やパーソントリップ調
査などの公的統計データの活用・解釈による知見に加え，企業ごとに保有す
るポイントカードやクレジットカード，IC カードの利用履歴に現れる消費
行動を積み上げて推測を重ね，人々の生活圏や生活スタイルを推測してビジ
ネスに活用していた．その延長線上にリアルタイムデータを位置づけること
で，携帯電話データから得られる詳細な移動履歴が画期的な情報となる．た
とえば位置情報ログから得られる滞在時間とその場所の施設情報を組み合わ
せることで滞在目的の推測も可能である．とはいえビッグデータだけですべ
てがわかるのではない．ここまで紹介したように都市の機能や人々の生活圏
についての様々な知見を動員して行動履歴から行動の意味を引き出し，その
集合として都市社会の動態を理解してはじめて大きな価値を引き出ことがで
きる．

　地図は直感的にわかるビジュアルでありながら理解には地図表現の文法を
理解している必要がある．皆さんも小学校で読図方法を学び地図記号にうん
ざりした経験があるだろうが，重要なのはむしろ画像から点や色の濃淡の空
間的特徴を読み取る能力である．図形を直感的に読み取り意味のある傾向を

読み取るアプローチは visual thinking と呼ばれる抽象性の高い知的能力である．ただこれも人間ならではの推論能力とされていたものが AI に取って代わられつつある．

8.4.4 空間データの取得法

空間分析においてはソフトウェアよりもデータのウエイトが大きい．既存の統計データを加工して住所など位置情報を付加し用いる際のために主なデータの取得方法を学んでおこう．

都市・地域を調べる際の基本統計として「国勢調査」が挙げられる．人口調査を基本に年齢別構成や家族構成，産業別および職業別従事者数，常住地と従業・通学地との対応，ひとり親世帯の世帯構成まで幅広い情報を国内の全世帯を対象に集める悉皆調査を 5 年ごとに行っている．紙の報告書では電話帳並みの冊子が平成 27 年版の場合 7 巻 82 冊と膨大な情報量だが「政府統計ポータルサイト e-Stat」からデジタルデータとして入手できる．国勢調査だけでなく「経済センサス」など基幹統計 53 種はじめ様々な情報がワンストップで入手できるサイトである．

統計データの数字を表にしただけではせっかくの情報が効果的に伝わらないので，EXCEL のグラフ機能，ピボットテーブルやピボットグラフ機能を使いこなすトレーニングは積んでおいてほしい．空間解析では多変量解析が多用されるのでその基礎も学んでおきたい．データ処理は R，SAS，SPSS などの統計パッケージソフトを用いることで EXCEL 同様の GUI 環境で操作できる．その上で空間データを扱うなら地図としてビジュアルに表現する効果は大きい．RESAS や jSTAT MAP などデータを搭載していて簡便にコロプレス図（段彩図）などを作成できるサイトがある．情報や表現方法は限定されるが，一般に入手しにくいデータも含まれているので適宜使い分けるとよい．Google map にデータをアップロードすることでも主題図が作成できる．また近年では GIS ソフトウェアのクラウド版も充実し，基本的な用途には十分な性能をもっている．

とはいえ多様なデータを自分で構築し，様々な手法を駆使して分析するにはやはり専用の GIS ソフトウェアを習得する必要がある．GIS のデータは図

形（地図部分）と属性（ワークシート形式の情報）から構成されるためそれ
ぞれを用意する必要がある．先述のように情報を地図化するだけで自分自身
が空間的特徴を把握し，他人にプレゼンする際の説得力は増すが，空間分布
そのものの特徴，点分布の拡がりの程度，ネットワーク上での最短経路検索，
面の集合として塗り分けた分布そのものの傾向などを分析し量的に説明する
には都市解析や統計学の基礎知識が必要になる．

　地図データは有料のものが多いが，国土地理院の「数値地図 2500」はじ
め「基盤地図情報」は無料で入手できる．また施設や都市計画区域などの公
共データは「国土数値情報ダウンロードサービス」から入手できる．近年で
は政府や自治体のデータを積極的に公開するオープンデータ化の流れで GIS
用地図データのネット公開も増え，また GIS ソフト自体も背景に使う地図
画像を搭載するものが増えて敷居が低くなっている．中でも最近の興味深い
例では国土交通省が 3D 建物データを公開した project plateau がある．都
心やランドマークなど限られた範囲についてはよくつくり込まれており建物
データは一般の 3D ソフトウェアで使えるため CG 作成にも活用されている．

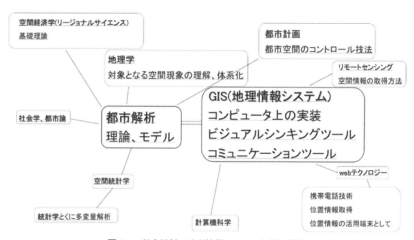

図 8.4　都市解析・地理情報システムと周辺領域

8.5　お わ り に

　本章で身につけた視点を踏まえてコロナ禍以後の大都市圏空間の変化を予測してみよう．昨今のコロナ禍の影響で将来の大都市圏の生活はこの先どのように変わるだろうか．大きな流れとしてテレワーク普及による通勤行動の変化をきっかけに大都市圏全体では分極化・都心一極集中の緩和の方向に進むとみられている．するとたとえば職場近くの都心の繁華街にとっては逆風になるが，代わりにその分の消費が郊外の飲食店や居住地近くの小売店での宅飲み用食料品購買にシフトするなど，空間のありようを変えることになる．また長時間通勤が減ることで時間の使い方が変化し，日常生活圏の認識の変化となって買い物はじめ人々の行動が変わると予想される．すると結果として都市圏内での商業集積の分布や位置づけが変容し，ネット通販の普及による買い物環境の地域差の解消とあいまって大都市・都心でなければ稀少なモノが手に入らない状況は少なくなり，都心・繁華街・中心地の存在意義が問い直されることになるだろう．さらには居住地や住まいに関する嗜好自体が大きく変わるとも予想される．どのように行き着くにしろ，未来の都市のかたちは皆さん自身の個人的選択の積み重ねがかたちづくるのである．

　この例のように個々人の行動パターンの集合体として都市社会を捉える視点はミクロからマクロまで様々な空間現象を説明し，将来予測のツールともなり得る．目の前の現象を数量化し高精度で解明するには一度その現象を俯瞰して大局の中での位置づけを確認するステップが必要である．まちづくりの実践的活動の目的を達するためにも，暮らしをかたちづくる様々な現象の特徴や歴史的変遷と共に地域差がかならずあることを意識してほしい．そのために本章では都市の諸現象を量的に捉え見極める理論とツール，そこへのアプローチの方法を紹介した．

文　献

浅見泰司・薄井宏行編（2020）：あいまいな時空間情報の分析，古今書院．
荒井良雄ほか編（1996）：都市の空間と時間―生活活動の時間地理学，古今書院．

大友佑介ほか（2007）：自由が丘駅周辺を対象とした同一地名付建物の空間分布に関する研究，総合都市研究，第 59 巻，35 - 47.

高阪宏行（2014）：ジオビジネス―GIS による小売店の立地評価と集客予測，古今書院.

富田和暁（2015）：大都市都心地区の変容とマンション立地，古今書院.

西山弘泰（2010）：住民の転出入からみた首都圏郊外小規模開発住宅地の特性―埼玉県富士見市関沢地区を事例に，地理学評論，第 83 巻，第 4 号，384 - 401.

矢野圭司（1996）：1980 年代後半の東京大都市圏における都市内部人口移動，総合都市研究，第 59 巻，35 - 47.

渡邉良雄（1982）：東京大都市地域における職住分離の地域構成と大都市居住問題，総合都市研究，第 15 巻，3 - 24.

Agoop. https://www.agoop.co.jp/

e-Stat：政府統計の総合窓口. https://www.e-stat.go.jp/

e-Stat：政府統計の総合窓口，地図で見る統計（統計 GIS）. https://www.e-stat.go.jp/gis

国土交通省，国土数値情報ダウンロードサービス. https://nlftp.mlit.go.jp/ksj/

MLIT, PLATEAU. https://www.mlit.go.jp/plateau/

モバイル統計空間. https://mobaku.jp/

RESAS. https://resas.go.jp/

suumo（2022）：みんなが選んだ住みたい街ランキング 2022. https://suumo.jp/edit/sumi_machi（最終閲覧日：2022 年 6 月 19 日）

横浜市，横浜市行政地図情報提供システム. https://wwwm.city.yokohama.lg.jp/yokohama/Portal

コラム◆都市の暮らしにとっての「共生」という課題―自由のその先を考える

　なにが自分にとって丁度よい暮らし方なのかは，人それぞれだろう．自分の人生の中で実際に感じる心地よさ・心地悪さを色々な機会に経験することによってしか，最適解は導き出せない．こうした肌感覚，素人感覚を最大限に生かした都市の理論家（思想家）3 人――村澤真保呂，ジェイン・ジェイコブズ，原三溪――を紹介する．

　都市の空気は，人を自由にする．

　中世に生まれたこの言葉は，都市的な存在様式（都市的なもの）は人々を封

建制度や宗教の軛から「自由」にするという意味である．ここでいう都市は，自律した個人が啓蒙主義的な理想に基づいて暮らす場としての「社会」を想定している．私が大学で専門とする「社会学」という学問も都市の成立がなければ生まれなかった学問であるし，そもそも「大学」の最初期形態とされるボローニャ大学は自由都市に集まった学生たちが自分たちの学ぶ権利を守るためにつくった「組合」が起源である．その他多くのものが都市の産物であり，非都市的なものが，すなわち非（近代）人間的とさえみなされることもある．

　里山研究で有名な社会学者村澤真保呂は，「都市の成立基盤の中心にあるのは，『自由』という名の『反－共同性』である」（村澤，2021）と喝破する．「自由」とは都市生活をすることによって主流となってきた「脳」がつくり出した概念で，そこには自然環境と一体化した「身体」が置き去りにされている．2020 年から続く新型コロナウイルスによるパンデミック脅威は，人類が一方的に自然界を侵犯してきたことへの警鐘であり，立ち止まって振り返り，自然との共生的な関係の再構築が必要であることを教えてくれている．

　都市という場を結節点として様々な著作を残したジャーナリストかつ活動家ジェイン・ジェイコブズも，都市を生命科学と同じように組織立った複雑性の問題であると捉える．人類が生態系の外にあるのではなく，人類を内包した生態系であるという考え方に立つのだ．ジェイコブズは，都市の死と生の別れ道は「多様性」にかかっているという．多様性を生み出すために必要な 4 つの条件として，① 地区や通りに複数の機能があり，別々の時間帯に確実に人がいること，② 街区が小さめで，角を曲がる機会が頻繁にあること，③ 建物の古さや条件の異なる建物が混在していること，④ 十分な密度で人がいること，が挙げられている．これらすべては，「都市はあらゆる人に何かを提供してくれる能力を持っていますが，それが可能なのは都市があらゆる人によって作られているからであり，そしてそのときにのみその能力は発揮されるのです．」（ジェイコブズ，1961）という彼女の観察に支えられている．

　最後に，横浜という都市について，本牧三之谷に「三溪園」をつくった原三溪の思いを辿ってみよう．1868 年生まれの原三溪の人生は，寒村だった横浜村が開港によって近代都市横浜へとして発展していく過程と重なる．岐阜県の庄屋の息子として生まれ，後に横浜で生糸貿易商として大成功を収めても，新しく手にした「自由」だけでなく，自分をつなぎ止め続ける江戸時代の素養や故郷の景色を忘れることなく，そのすべてを三溪園という庭園に込めた．横浜の都市化プロセスの副産物として人間関係が希薄になっていく様子を目撃し

た彼は，自宅の庭園を一般の市民に無料で24時間開放し，都市化する以前の
自然や古くからの建造物と一体化する環境の中で紐帯から成り立つ世界を維持
し続けたのである．当時の新聞には，三溪園で憩いのひとときを過ごすと，な
ぜか気持ちが優しくなるという市民の言葉が残されている．生き生きとした〈い
のち〉の耀く場が存在するためには，都市には私たちの根っこが寄り立つ真善
美の感覚と混合し合える風土（環境）が必要であるという強い思いがあった．
その思いを今でも経験することのできる場として，横浜に三溪園が存在するこ
との有り難さを強く心に刻んで，本稿を終えることにする．

[滝田祥子]

文　献

新井恵美子（2003）：原三溪物語，神奈川新聞社．
ジェイン・ジェイコブズ著，山形浩生訳（2010 = 1961）：アメリカ大都市の死と
　生，鹿島出版会．
村澤真保呂（2021）：都市を終わらせる―「人新世」時代の精神，社会，自然，ナ
　カニシヤ出版．

第9章 子育てを考える

［三輪律江］

9.1 はじめに：子育てに欠かせない"群れ"と"まね"

人は生物学的にも群れなければ子育てができない動物といわれている．他の親子や子育てしている兄弟姉妹がたくさんいる群れる環境の中で，まねることで子どもとしても親としても育ってきた．1947年に制定された児童福祉法では，血縁や知り合いであるか否かにかかわらず，すべての国民が子どもの健全な育成に社会的責任があることが一貫して謳われている．保護者ではない第三者である他人が，危険なことをする子どもを注意したり，見守ったり，保護したりする様子は普通の光景で，数十年までは当たり前の考え方であり，子どもの成長を支えていたのである．

しかし，現代社会において，家族の形の変容に伴い子育て環境は大きく変化している．かつての大家族や多くの血縁関係の中で行われていた子育ては，核家族化に伴い複数の大人が関わる機会は激減し，加えて夫婦共働きといったライフスタイルが日常となる中，家族の中での子育てに制約と役割分担の変化が生じ，家族内でさえも群れてまねる環境が自然にできない状況にある．これまでごく自然に群れてまねることができる環境の中で，親も子も育ってきたことを鑑みれば，このような環境の変化は由々しきことである．

夫や親族の協力も得られず，近所との付き合いもなく孤立した中で母親が子どもを育てている「孤育て」や，慣れ親しんだ土地から離れたところで子育てをすることで，近所に親戚や親しい友人もおらず不慣れな環境により孤独感や不安感を覚えながら行う「アウェイ育児」といった状態は，育児ストレスや虐待などを招くとして，近年社会課題となっており，その傾向は，核

家族が進む中で，近親者が近くにいない現代の都市部において特に顕著な課題である．加えて少子化や核家族化などの社会の変化は子どもの世話をしたことがないまま親になる人の増加も誘発する．このことは，妊娠から産後の時期に不安を感じることを誘引するし，近親者からのサポート不足や共働き世帯の増加による地域とのつながりの希薄化は，母親を孤立させる要因となり，産後うつや虐待などにつながっていくと報告されている．多様な子育ての形があってよいはずの子育てが画一的な傾向となり，さらに他者の子育てと比較したり評価を気にしたりすることで自身の子育てに不安を感じることにつながることも容易に想像できる．

　つまり子育ては家族という「私」の領域のみではできない社会になっていて，積極的に「公」の領域ですべきものとなっていること，核家族化と共に少子化が進む現代社会では，現代版の群れた子育て（大豆生田，2017）をどう構築するか，そして「公」としての役割の一端を担う"まち"が果たすべき役割は何かについて，社会全体で意識すべき段階にきているのである．

9.2　子どもを育む環境としてのまちの課題

　これまでの都市計画・まちづくりは，開発型をベースにした制度の下，人口が安定した後の高齢化や少子化といった点は想定されておらず，また夫婦共働きを前提とせず，特に都市部においては職住分離を推進するような都市づくりがされてきた．

　人口減少社会となり核家族化も進む家族や社会の変化は，限られた人間関係の中で，子どもたちが乳幼児期から保育施設や教育施設の敷地内で長時間を過ごすようになることを誘因し，加えて子どもだけでまちを散策したり，異年齢や異なる世代の人と接する機会を奪っている．そして血縁以外の子どもに接する機会をもたない大人が増え，子どもに不寛容な社会への移行を促進することは，そのような環境を心配して保護者がますます子どもを囲い込む悪循環を生んでしまう．

　一方，それに呼応するかのように，昨今の子ども・子育てに関わる白書や施策・計画においては「子どもを地域全体で育てる」といった文言が散見さ

れる．それは少子化，核家族化を受けて社会性を培う場，公としての役割として「地域コミュニティ」への期待が大きいことの表れともいえる．しかし，この場合の地域全体とは「どこ」の「誰」を指すのか，社会性を培う場として地域コミュニティへの期待は大きいが，総論として概念は理解できるものの，具体的にどこの誰を指すのかがわかりにくく，子育て世代でない第三者の他人が，自分も誰かの子育ての立役者になり得ることにはなかなか考えが及びにくいのが現実だ．加えて超高齢化，人口減少が進む地域のまちづくりの現場でも，この先わがまちは持続できていけるのであろうかといった不安や，地域まちづくりの新たな担い手として若い世代の流入や定住への期待を反映して，自分たちの住むまちを持続させていくために「子どもと子育て世代をどう巻き込むか」という論点が出る．過去には放っておいてもできていた子どもの育ちを支えるまちとの顔がみえる関係づくりは，現代社会においては意識的に，また戦略的に構築できる手法を考えなければいけない．

　このように地域社会が子ども・子育て世代に関心をもち積極的に関係をもつことへの期待は大きく，子どもを中心にまちづくり活動をすることに理解はあるものの，現実には他人の子どもとの接点のもち方，関係のとり方についての明確な手法が示されているわけではなく効果がみえづらいため，具体的アクションにまで至っているケースは多くはない．現代版の群れた子育ての構築を考えるとき，なるべく早い段階から子どもだけでなく保護者も共に自分の生活圏となる身近な地域とつながる意義は何か，どのようにすれば持続的につながっていけるか，といったまちづくり活動からの観点は極めて重要ともいえるのだ．

9.3　親子はまちのどこでどのように成長していくのか

　さて，乳幼児期の子どもの動きは，おおよそ1か月単位で変化していく．
　ゼロ歳から3歳児頃までの間に，寝転ぶ→ハイハイ→伝い歩き→ふらふら歩き→しっかり歩き，と日々発達をみせる一方，保護者に委ねられているこの時期の子どもの移動手段は，だっこ紐で移動→バギーに乗車させて移動→ベビーカーに捕まって歩き移動→ベビーカーは疲れて寝たときのために原則

は自分で歩いて移動，そして幼児期になり自我が芽生え自分の意志で動くよ
うになるとベビーカーは使わずに移動，むしろおとなしく乗らなくなりあち
こち自由に動き回る，といったように，月齢の成長に従い細かく変化してい
く．このことは子育て体験者にとっては至極納得の事実だ．

　筆者が複数の都市で継続して実施してきた親子の外出ニーズの調査研究で
は，ゼロ歳児からのこのような成長によって外出の動向に差があることとそ
の身近さ圏を解明してきた．主な外出先を商業施設とする親子が多い乳児期
に比べて，自我が芽生えだす幼児期の子どもとの主な外出先は，「近さ」を
第一理由として近所の公園（児童遊園や街区公園など）へ出かけることをほ
ぼ毎日繰り返す生活となっていて，そこまでの平均移動時間は約5〜8分程
度の時間距離，子ども連れでゆっくり歩行する分速約60mで換算した場合，
約300〜500mの範囲であることが確認された．さらに幼児期から小学校へ
入学する学童期前半には，子どもたちは急に一人でまちの中を歩く機会が増
える．毎日の小学校への往来が子どもだけでの移動となり，彼らの日常生活
圏はおおよそ小学校区（一般的には半径約500m程度）へと広がりをみせ

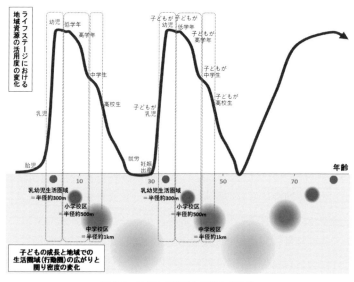

図9.1　子どもの成長と地域との関係

ていくことになる（図9.1）．

　もちろんこれは保護者も連動した動きでもある．成長に伴う生活圏の広がりと独り歩きへの挑戦は子どもの成長にとっては大事なプロセスであるのはいうまでもない．と同時に，躊躇や不安なく安心してその挑戦への第一歩を踏み出せるためには，子どもが育っていく生活圏のまちを保護者も共によく知っていることが後押しの1つになることは想像に難くないだろう．家庭と，幼稚園や保育施設などの就学前児童施設を中心とした生活から小学校を中心とした生活への移行期が大事だということも理解は容易い．

　この生活に密着した身近で濃厚な範囲こそが乳幼児期の子どもが地域社会の中で育まれるために具体的で重要な最小単位の生活圏域（「乳幼児生活圏」）であり，だからこそ現代版の群れた子育てのためには，まずはその小さな範囲に子どもの育ちに必要な都市環境が豊かに整備されること，そしてその子どもの育ちにとってその小さな範囲の環境をフル活用することも重要であり，その小さな範囲の地域コミュニティが群れた子育ての立役者となり得ることの意識づけが重要なのだと筆者は考えている．

9.4　胎児期から必要な現代版の群れた子育て環境の構築

　ところで，孤立した子育てを社会全体で支えるためには，生まれる前からの支援，妊娠期から子育て期にわたる切れ目ない支援が重要だという意識も高まっている．2020年度より全国展開されている「子育て世代包括支援センター」の業務ガイドラインの理念の中でも，"子育ては家庭や地域での日々の暮らしの中でおこなわれるもので母子保健や子育て支援等の専門領域毎に分断されるものではない"とし，胎児期からの子どもの成長のステージに対応した包括的な支援を図ること，そのための地域コミュニティからのアプローチも大きく期待されている．しかし，出産ギリギリまで就労している人が増えている都市部の状況下においては，子どもを地域社会で育てていく社会の実現はたやすくない．特に都市部においては核家族化が進行し，ほぼ8割が共働きの社会となり，そもそも産休直前まで居住する地域コミュニティとの接点はほとんどとれないのが現実だ．

　実際，2019 年度に筆者が横浜市内で実施した第一子ゼロ歳児をもつ母親の出産前後の行動圏と地域交流に関する調査からは，よく行く場所の種類が画一的で箇所数が出産前後で変わらず少ない人，すなわち出産前後で出かける場所が限定されている人は「自分の居住している地域に交流する人がいない」「子どもを預かってくれる人がいない」という回答が多く，この傾向は子どもが第一子のみの世帯に強い傾向として表れていることが明らかになった．加えて，自分の居住している地域に交流する人がいない人や子どもを預かってくれる人がいない人は，その地域での子育てに不安を感じ，メンタルヘルスも低くなるといった傾向も示唆された．また調査では約 9 割が配偶者と子どものみの共働き世帯，約 4 割が里帰り出産をした人であったが，特に第一子の場合，里帰り出産をした人の方がしていない人に比べて出産後の育児不安を感じたとの回答が多い傾向も読みとれた．子育てする上で自分の住んでいる地域に子育ての理解者を得て交流する人をつくっておくことに越したことはない．しかし，出産直前まで就労している共働き家庭が多くなっている現代社会において，特に第一子を迎えこれから親になろうとしている自分たちが住んでいる地域のことをいつ知るのか，交流機会をどのように創出するのかということが喫緊の課題であることが示唆されるエビデンスでもあるのだ．

　さらに，出産前のよく行く場所の種類数も個所数も多い人であっても，出産後はよく行く場所の種類は画一的になり，出かける場所そのものも減少してしまう傾向も顕著で，どんなにアクティブな人であっても出産直後は行動圏が狭まり行く場所が限定的になってしまうことも明らかであった．つまり，出産前後で外出機会が急激に減り行動が縮小されてしまうことを大前提とした上で，出産前，すなわち子どもが胎児期であるときから生まれた後の「乳幼児生活圏」を理解し，子どもの成長に伴う生活圏の変化を想定しておくことが大事だということがわかる．したがって，そのことを踏まえてまずは小学校区より一回り小さい乳幼児生活圏での地域資源を活用したまちとの関わり方を育むことが，子育て不安の予防策の一翼になり，かつ現代版群れた子育ての実現に寄与することができるのではないか，と筆者は考えている．

9.5　まちに開きまちを迎える設えとまちに関わる日常

さて筆者は建築学，都市計画学の分野から，乳幼児期，学童期，青年期と各世代の子どもとまちとの関係に着目した実践的研究を一貫してテーマにしており，2007年頃から乳幼児の子どもたちとその世代が集積している場としての保育施設に注目した調査研究も行ってきた．

　子どもたちが集う保育施設や幼稚園，子育て支援施設等の場には，ごく自然に"群れ"と"まね"が存在している．しかし，多様な"群れ"と"まね"の実現には，施設の中の特定の人間だけでは完結できないことは明らかだ．

　調査研究からは，保育施設が立地する近隣のまちに対して，交流やボランティア体験，園庭開放などで施設を開いて「まちを受け入れる」様子や「まちに出向く」様子が多くみられていたし，近隣に冒険遊び場や遊歩道があること，あたたかい人情に惚れ込んで商店街の一角にわざわざ開設したという保育施設の存在も把握してきた（図9.2）．近年では，施設の敷地の一部にカフェを併設したり，敷地の一部を遊歩道のように近隣に開放している施設もみられるようになった．これらはすべて，他者との関わりを生み出すために，他者を迎え入れようとしている戦略的設えと捉えることができる．

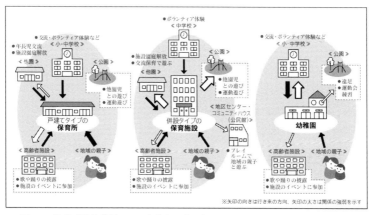

図9.2　建築形態と種別による来訪先・訪問先との関係の相違（三輪ほか，2017）

　また保育施設の日常的な外出が単なる目的地への "移動" ではなく "おさ
んぽ" と表されていること，それを独自に「おさんぽマップ」という媒体と
して作成していたことも注目に値する点であった．おさんぽマップは，子ど
もたちを安全・安心にまちで保育できるように，目的地やルートを保育者同
士で確認しながら作成し，この情報をもとに日々の保育の目的に応じてあち
こち出かけていく情報源にしていた．お散歩マップに示されている範囲はそ
れほど大きくなく，それでも施設が日常的に様々な地域資源を活用している
実態はとても濃かった． "群れ" と "まね" の実現のためにまちに開きまち
を迎える設えの工夫と，まちに出向き，まちと関わる日常がそこには存在し
ていたのである．

9.6　「まち保育」とそこに包含される４つのステージ

　一方，一連の調査からは多くの保育施設が地域とのつながりの必要性を感
じつつも，地域との関係構築の仕方がわからないといった課題を抱えている
こともみえてきていた．そこで2012年度から横浜市内の２つの保育施設に
伴走し，日常的にお散歩をする小さな範囲のまちを違ったテーマで繰り返し
歩くことで，乳幼児期の子どもを真ん中に保育施設と地域のつながりを強め
る様々な試み（ワークショップ）を実践してきた（図9.3）．
　具体的には，保育施設が日常的にお散歩をする小さな範囲のまちを，異な
る様々な視点で歩き，出会ったり見つけたヒト・モノ・コトを地図上に見え
る化しながら，地域に還元していくことを繰り返す手法だが，この「まち保

図9.3　まち保育ワークショップの実践例（三輪ほか，2017）

育」の実践を通して「まちで育てる‐まちで育つ‐まちが育てる‐まちが育つ」という 4 つのステージが読み取れた.

　小さな生活圏でも日々まちに出かけ，まちの様々な資源に気づき発見し，まちにいる様々な人とあいさつ等を通して触れ合いながら，「まちの子ども」として育っていく（「まちで育てる」）ことで，おのずと，まちを舞台にして子どもが育つようになり，まちをよく知り，お気に入りの場所ができ，安心できる大人とも触れ合いながら育っていく（「まちで育つ」）.小さな範囲の同じまちを違った視点で何度も歩くことで地域の様々な組織や活動がつながっていき，マップという媒体を通じて活動がみえる化されることで正の連鎖となっていく.

　そして子どもの姿がまちのあちらこちらにみられるようになれば，まちの住民が子どもたちに出会う機会が増え，出会いにより交流の層を厚くしていくことになる.そのことにより，自分の子どもや孫以外の「まちの子ども」の成長発達や安全に関心が及ぶようになり，声かけや見守りが活発になって，まちが成熟し「まちそのものが子どもを育てる」土壌ができあがっていく（「まちが育てる」）.降園時，子どもが知らないとある家の前で立ち止まり，たまたま出てきた家主の女性に「さよなら」と手を振り合う.保護者にとっては見知らぬ人だが，その子にとっては毎日のおさんぽで通り，会えば挨拶をする顔見知りのおばさん，毎日の生活で出会う大事な「他人」となっていることの表れでもある.さらに，まちに暮らすたくさんの人と顔見知りになっていく現場の保育者の安心感や保育施設が「住民」として地域に受け入れられ連携する体制にもつながっていく.そしてまち全体で子どもをみていこうとする姿勢は，大人も子どももお互いの存在を認め合いながら，共に暮らすまちへとつながり，犯罪や災害にも強いまちになっていくことが期待できるステージとなっていく（「まちが育つ」）.

　このように，まちを開いて，子どもをまちで育てることから始める「まち保育」の実践は，保育者や保護者以外にも地域の人を巻き込んで，まち全体が子どもを育てる意識を生み，それはまちそのものが大きく育つことにつなげていくことができる.これらの発想の経緯と実践ノウハウをまとめた書籍『まち保育のススメ』（三輪ほか，2017）では，「まち保育」を以下のように

定義している.

「まち保育」は，子どもたちの生活をより豊かにするものです．それは，
保育施設・教育施設の園外活動だけを指すのではありません．まちにある
さまざまな資源を保育に活用し，まちでの出会いをどんどんつないで関係
性を広げていくこと，そして，子どもを囲い込まず，場や機会を開き，身
近な地域社会と一緒になって，まちで子どもが育っていく土壌づくりをす
ることを私たちは「まち保育」と呼んでいます．子育て支援の場において
も，家庭生活においても，また地域の活動においても，「子どもがまちで
育つ」視点を大切にしてほしいと考えています．

つまり筆者が唱える「まち保育」とは，子どもの育ちを血縁関係だけでな
く地域社会で育み共有するための，多様な主体を巻き込みながら地域資源を
活用したまちとの関わり方の手法論なのだ.

9.7　おわりに：現代版の群れた子育ての構築に向けて

子どもを育てるにあたり，特に都市部における現代版の群れた子育て環境
の構築に向けては，保護者自身が地縁もない知らないまちで子どもを産み育
てることの不安を軽減するための策，学童期に入り子どもが一人でそのまち
を闊歩するようになる段階までの策を講じることが求められる．保護者が，
自身や自身の子どもの地域コミュニティへの親和性を高めることの価値や手
法を理解していく機会を創ること，同時に出産後の自身の産後うつや育児不
安などの軽減や学童期に向かう子ども自身の育ちへの安心醸成のためには地
域コミュニティとの親和性やソーシャルサポートが大事で，それを地域コ
ミュニティのまちづくり活動として培っていこうとするアプローチがとても
大事な視点となっていくだろう．
　しかし，超スピードで進む超高齢化社会に対し，高齢者に対しての住まい・
医療・介護・予防・生活支援が一体的に提供される地域包括ケアシステムの
構築が各自治体で推進されているものの，子どもの成長を主軸に地域で包括

的に見守りケアする社会システム構築への具体的アプローチはまだまだ遅れているのが現実だ．特に，子育て当事者ではない，あるいは子どもと関わる機会のない大人にしてみれば，「子どもを地域全体で育てる」といわれても，自分がその役割に該当するのか，どこまでが自分が関わればよいのか，そもそも関わるべきなのか，と，当時者意識はもちにくい感覚になりがちだ．また一方では居住政策として，次の担い手となる若い世代の流入・定住を期待する声があるものの，具体的で持続的な方策の解明はなかなか進んでおらず，地域コミュニティの一員としてのこの世代をどの段階からどう迎え入れるかといった課題もある．

　それらの課題に対しては，まずは自身の身近な生活圏の中にいる子どもたち，その成長に目を向けることから始めれば十分ではないか．身近に知り合いや多様な居場所をもっている人ほど定住志向があるという調査結果もあることからも，まずはまち側に子育て理解者を増やしておくこと，日常生活圏の中に身近な居場所としての選択肢を多く用意しておくことも，子育て世代の様々な不安を軽減し，子どもが健全に育っていくためにも寄与できる肝要な視点だともいえよう．

　図らずもコロナ禍においては，多くの人が"住む・学ぶ・遊ぶ・働く"の観点で生活圏を見直し，地域資源の再発見と日常生活圏の再構築の作業を行うことになった．皆が知っている場所に人々が集中しがちとなった中で，従前から日常使いできる身近な場の選択肢を多くもっている人ほどそれを回避しやすかったことも容易に想像できる．一方，子どもの大事な育ちの場ともなる公園や，オープンスペース，緑空間は，屋外テレワーク，健康づくりのための散策やランニングの拠点として活用されるなど新たな利用ニーズが発生してきたことに伴い，これまでは同じ生活圏内でも時間と空間を上手く棲み分けて共存していた多層の世代間の人たちの時間と空間が濃く重なることで見知らぬ同士で不具合が生じることも考えられ，身近な生活圏の中での多世代での新たなシェアの形の模索も喫緊の課題として浮き彫りにもなってきたともいえる．それらを顧みれば，with コロナの社会においては，子どもの育ちを支えるまちとの顔がみえる関係づくりをより一層意識する必要がある．

　元来，子育て支援は福祉政策の分野のみで閉じるべきではない．筆者が唱える「まち保育」の考え方と実践を通して戦略的にハード・ソフト両面からの参加・協働型まちづくりを推進することで，現代版群れた子育てが実現できる地域コミュニティが数多く構築されていくことを期待したい．

文　献

大豆生田啓友（2017）：子育てを元気にすることば—ママ・パパ・保育者へ。，エイデル研究所．

三輪律江・尾木まり編著（2017）：まち保育のススメ—おさんぽ・多世代交流・地域交流・防災・まちづくり，萌文社．

第10章 ▎空き家を考える

[齊藤広子]

10.1　はじめに

　暮らしの中で，空き家をみることが増えてきたのではないか．近所に空き家があり建物が傾いている，庭には雑草が茂り，木は伸び放題で道路まで飛び出てきている．こんな光景は地方都市だけでなく，首都圏でも珍しくない．

　「空き家があっても別に自分には関係ない！」と考えるかもしれないが，空き家問題は今や都市問題である．空き家がそのまま放置されれば益々建物やまわりの環境は悪化し，近隣や地域に大きな影響を与える．いわば外部不経済の発生で，都市の経営にも影響を与える．空き家とそれによる問題が発生する原因とメカニズムを理解し，空き家および空き家問題の予防や解消が必要である．そのために何をすればよいのか．空き家は，利活用の仕方によっては，まちや地域，都市を魅力的にするものとなる．そこで，空き家を利活用し，まち，地域，都市を魅力的にする方法についても，考えることにする．

10.2　空き家の状態

　空き家がどこにどれだけあるのか．空き家をどう捉えるかにより数が変わってくる．第1に，最も限定的な捉え方は「特定空家」[1]である．空家等の

---

[1] そのまま放置すれば倒壊等著しく保安上危険となるおそれのある状態または著しく衛生上有害となるおそれのある状態，適切な管理が行われていないことにより著しく景観を損なっている状態その他周辺の生活環境の保全を図るために放置することが不適切である状態にあると認められる空家等である．

対策の推進に関する特別措置法（以下，空家対策特別措置法）（2014 年公布）
により行政が認定した，地域や近隣に迷惑をかける空き家である．第 2 は，
同法（第 2 条 1 項）で定義された「空家」で，「建築物又はこれに附属する
工作物であって居住その他の使用がなされていないことが常態であるもの及
びその敷地（立木その他の土地に定着するものを含む.）」である．1 棟丸ご
と空き家の場合が対象で，マンションやアパートの 1 室が空き家の場合には
含まれない．そこで，第 3 にこれらの空き室も含んだ概念が「空き家」であ
る．ここには広く，セカンドハウスなどの利用，売却希望中，賃貸希望中の
住宅も含まれる（住宅・土地統計調査による定義）．さらに，第 4 として空
き家を準空き家，空き家予備軍を含みさらに広く捉えることができる．準空
き家とは「年に数回,兄弟が集まり利用する．仏壇があり，荷物もあるので，
空き家ではない」と所有者は考えている住宅や，高齢者が一人暮らしで，雨
戸も閉めたまま，庭木の手入れも行われていない住宅であり，近隣にとって
は空き家と同じ状態の住宅である．

　空き家は全住宅の 13.6% である（2018 年住宅・土地統計調査）．空き家の
内訳は「二次的住宅」（4.5%），「賃貸用住宅」（51.0%），「売却用住宅」（3.5%），
「その他の住宅」（41.1%）である．近年，空き家の中でも「その他の住宅」，
つまり目的も理由もない，なんとなく空き家が増加している．

　空き家の状態は日本国全体で均一ではない．空き家はどこに多いのか．立
地でみると，地方都市で人口・世帯が減少し，高齢化が進行し，新たな住宅
需要が少ないところに多い．同じ都市では,非線引区域外,都市計画区域外,
最寄駅から遠い所に立地する住宅に空き家が多い（国土交通省，2019）．つ
まり，人口・世帯減少が進み，住宅需要が低下するが，その低下の度合いの
大きいところに空き家は多く発生する．住宅建て方別でみると，戸建て住宅
の約 1 割，長屋の約 4 割，共同住宅の約 2 割が空き家である．地方都市では
空き家の多くは戸建て住宅で，都市部では賃貸用住宅，いわゆるアパートや
マンションの空き家が多い．また，空き家は築年数の経ったものが多く，空
き家（その他の住宅）のうち，4 割以上が 1980 年以前の建築の旧耐震基準
の住宅であり,残りの半分以上が省エネやバリアフリーに対応していない(国
土交通省，2015a；b）．つまり，性能面で現代の暮らしに適応していない，

良質とは言い難いものが含まれている．このように空き家は立地や性能の特性から，住宅市場から脱落しているものが多い．

10.3 空き家による問題

空き家の問題は，「空き家の手入れが大変である」などの個人の問題として捉えることもできるが，都市の問題，社会問題として捉えることが必要である．具体的にどのような問題があるのか[2]．

第1は，外部不経済が発生している．空き家があることで，近隣，地域，都市に良くない影響を与える．住宅の手入れが行われないことによる虫やネズミの発生，木や雑草の生い茂り，人の目が届きにくくなることから，ゴミの不当投棄や犯罪の場になることへの不安，そして防犯性や防災性の低下，景観の悪化，老朽化した住宅による倒壊・崩壊の危険性といった，居住環境に明らかにマイナスの影響がでる．快適に安心して住めないだけでなく，住まいの資産価値にも影響を与える．ストック社会が構築されている欧米では，隣が空き家だと明らかに資産価値が下がり，イギリスでは資産価値が20%低下している（倉橋，2013）．

第2に，経済的不平等が発生している．近隣に迷惑をかけている空き家の所有者の所在把握を行政が時間と手間をかけて行う．空き家に補助金を出して解体や改修を実施する．あるいは特定空家であれば，行政が行政代執行で空き家を解体することがある．本来はその費用は住宅所有者，空き家の所有者が支払うべきであるが，解体費用を回収ができない現実がある．空き家所有者は，空き家所在地には不在で，住民税を支払ってはいない．不動産所有者としての責務を果たさない者のために，自分の家を適正に管理し税金を納める良心的な市民が負担した税金を使い，問題空き家を除去することになる．

第3に，都市経営への影響である．居住者の不在化が進み，空き家が増える．住民税は減少し，行政の財政収入が低下する．行政サービスの提供範囲

---

[2] 空き家の存在がすべて問題というわけではない．例えば，空き家が全くないと人々は居を移動できない．ゆえに，空き家は一定必要であり，その率は約5%必要という試算がある（浅見，2014）．一方では，約30%を超えると都市の破たんにつながるとの指摘がある（野呂瀬，2014）．

を縮小しない限りは，財政支出は減少せず，行政の財政状態が悪化する．公共サービスの非効率化により，都市の経営に影響が出る．住民からみれば，相互の助け合う力，地域を監視する能力が低下し，防犯能力が低下する．地域で順番にしているごみ置き場の清掃，みんなで行う公園の清掃など，人手が減れば，残っている人だけで行う必要があり，負担が重い．ますますその地から離れることになり，空き家が増加する．

　空き家は放置しておくと，都市，地域の負の連鎖を引き起こし，都市の経営にもマイナスの影響を与える．そして，正直者が損をする社会を当たり前にすることになる．つまり，社会の構造をゆがめることになる．

10.4　空き家となる原因

10.4.1　空き家を取り巻く社会的背景―暮らしの変化

　空き家問題の予防，解消のためには，なぜ，空き家になるのか，その原因を正しく捉えることが必要である．

　第 1 に，人口や世帯の減少があり，住宅需要の低下がある．全体としては地方都市から首都圏に人口の流入がある．それは地方都市では雇用や教育の機会の選択の幅，医療水準等の課題があり，都市としての魅力が低いからであった．ゆえに，人々は暮らしの場として，都市，特に首都圏を選択する．よって地方都市の空き家問題を解決するには，働き方などを含めた抜本的な社会構造を再編する必要がある．

　第 2 に，ライフスタイルの変化がある．たとえば，女性の社会進出から[3]，都心で働く共働きの子育て世帯には，郊外住宅地でバス便の立地に暮らすのは，大変である．ゆえに都心部の住宅需要が高まり，郊外は低下していた．また，スキー人口の大幅な低下が，スキー場にあるリゾートマンション需要の大幅な低下につながり，空き家が進んでいる．

　第 3 に，居住者層の変化である．1960 年，1970 年代には住宅不足の時代であり，日本住宅公団（今の UR）は，早く丈夫な住宅を多数つくろうと，

[3] 女性の就業率（15～64 歳人口）は 1970 年代は 50% であったが，2020 年には 70.6%（男性 83.8%）と大きく伸びている（内閣府男女共同参画局，2021）．

日本国中に同じ形で同じ間取りの 5 階建てエレベーターがない団地を大量につくった. 1960 年の 65 歳以上の人口は全体の 5% であったが, いまや 29.1% と大きく高齢化が進んでいる(総務省統計局, 2021 年 9 月 15 日現在). こうして, 人の高齢化が進み, エレベーターがない等のある特定の住宅の需要が低下し, 空き家化が進行している.

第 4 に, 国内・国外での教育や職業の選択の幅が広がり, 親の世代と異なる地域での暮らしの実現がある. 1960 年の高等教育機関 (大学・短期大学) への進学率は 10.3% であるが, 2020 年は 83.5% (高等専門学校および専門学校を含む) と大きく向上している (文部科学省, 2020). 大学等への進学を機に居住の場が変わることがある. そこで, 相続で住宅を親から引き継いだものの, 明確な利用目的がないままの消極的な保有がある [4].

10.4.2 不動産制度のミスマッチ

上記のひと・暮らしの変化から空き家が増えているが, それを後押しするのが空き家という不動産の制度がストック社会に合っていないことがある.

第 1 に, 固定資産税制度がある. 迷惑な空き家でも取り壊さない方が, その住宅の所有者には税金が有利になる. ゆえに, 空き家でも建物を残しておくことになる. 土地や住宅等の不動産をもっていると, 不動産の固定資産税を払う必要がある. 日本の場合は, 土地と建物が別の不動産として扱われる [5]. 住宅には, 建物の固定資産税がかかる. 建物の価値を評価し税額を決めるが, 築年数が経ると税額は減っていく. 一方, 土地の税額は築年数が経っても減っていかない. なぜならば, 土地の価値が築年数が経って減少するわけではないからである. そして, 空き家でも, 建物があれば, 土地の固定資産税が 6 分の 1 [6] となる. つまり, 空き家がまわりに迷惑をかけるから取り壊

---

[4] 空き家になっている住宅の 5〜6 割は相続で保有したものである (国土交通省, 2020).

[5] 欧米では土地建物は一体に取り扱われる. 建物は土地が伸びてきたものという発想である.

[6] 住宅に使われている宅地の固定資産税等には次の特例措置がある.

区分		固定資産税	都市計画税
小規模住宅用地	住宅の敷地で住宅 1 戸につき 200 m² までの部分	価格 × 1/6	価格 × 1/3
一般住宅用地	住宅の敷地で住宅 1 戸につき 200 m² を超え, 家屋の床面積の 10 倍までの部分	価格 × 1/3	価格 × 2/3

しをすると，現状よりも固定資産税額が 6 倍となる．このような特例措置は，住宅不足の時代に，土地を使わないのに買い占め，土地が値上がりすれば売却するという投資目的に土地が買われると，宅地として利用できる土地の供給量が減り，土地の価格が高騰することを防ぐための対応である．

　第 2 に，借家の場合に家主の正当事由が限定的なことがある．住宅所有者が空き家にしないで貸そうとしても，一度住宅を貸したら，返してもらえない現状がある．これは，借家人の居住の権利を守るために，借地借家法で，家主側に正当事由がないと，退去や契約更新の拒否が認められないためである．そのために，定期借家で貸す方法があるが，定期借家制度は事業者や家主，居住者の理解不足からあまり普及していない[7]．そこで，人に貸さないで，空き家のままにしておくことになる．

　第 3 に，空き家を利用したくても空き家の所有者が判明できない．登記簿には不動産の所有者等が記載されることになるが，それをみても真の所有者が判断できないことがある．これは，不動産の登記は，建物の物理的な状態を示す表示登記は義務でもあるが，所有者が変わった際の所有権の移転登記は義務ではなかったためである．

　第 4 に，空き家の利用は中古住宅としての取引となるが，取引時に中古住宅の性能が判断しにくいことがある．空き家は古い住宅が多く，旧耐震基準[8]でつくられたものが多い．しかし，こうした耐震性の性能も含め，性能を十分に開示した取引形態とはなっていない．住宅がつくられた時の状態やその後の維持管理の情報などもないことが多い．また，戸建て住宅を，たとえばシェアハウス等に用途を変えて使おうとすると，新たな法規制がかかる

---

[7] 定期借家とは，きまった期間が来れば，家主が正当事由がなくても，住宅を返してもらえる借家契約である．定期借家の課題として関係者には「制度が複雑で理解が不十分である」ことが指摘されている（国土交通省，2007）．

[8] 旧耐震基準とは，1981 年より前の基準のことである．1978 年に起きた宮城沖地震で多くの建物が倒壊したため，1981 年に建物をつくる基準として建築基準法が改正されている．そのため，1981 年より前につくられた住宅と，それ以降につくられた住宅では建物をつくる基準が異なるため，耐震性にも差が出ている．なお，住宅取引時には不動産業者は，耐震診断をした場合にはその結果を説明する（重要事項説明）必要はあるが，実施していない場合には特に説明は必要がない．住宅がつくられた時の状態やその後の維持管理の情報に関しても，ある場合は，あることを重要事項説明で説明する必要があるが，ない場合は特に説明は必要ない．

こと，建築確認（建物をつくるときや大幅に変えるときの手続き）に図面や検査済証等が必要となるが，そうした書類が整っていないため実施できないことがある．こうして空き家を安心して取引し，利用できる体制が未整備である．

第5に，空き家は不動産であるが，不動産業者にとっては関与することのモチベーションが低い．日本では不動産業者が仲介した場合の報酬額の上限が法律で決まっている．空き家の場合の取引には，所有者の所在を探し出し，所有者に意思決定を促し，境界が不明確な場合には確定に尽力し，耐震診断の手配や，リフォーム工事の手配をする等，新築住宅や中古住宅に比べて，取引に手間・暇がかかるが，その割には取引価格が低いため，売買価格の○％という報酬に上限がある制度[9]では業としての魅力が低くなりがちである．また，所有者の確定からリフォームの手配など，不動産の仲介だけでなく，それにまつわる幅広い業務を行う必要があり，総合的に行える体制を持つ不動産事業者が多くはない[10].

10.4.3　政策のミスマッチや不在

政策が時代に合わないため，空き家が益々増えている．

第1に，都市計画制度として都市計画区域の区域分け，市街化区域・市街化調整区域の区域分けがあり，こうした区域分けにより開発エリアの抑制が行われることになっているが，実態として，市街化調整区域（市街化を抑制すべき区域で，原則住宅や施設などの建設はできない）や都市計画区域外（人が特に集まってないので，計画的にまちづくりをする対象の外）での住宅建設が可能であり，都市のコンパクト化を本格的に進めていなかった．

第2に，行政の空き家関与の困難さがある．空き家は個人の財産であるた

---

[9] 宅地建物取引業法では，報酬の上限を，取引額200万円以下の金額の場合は取引額の5%以内，取引額200万円を超え400万円以下の金額の部分は取引額の4%以内，取引額400万円を超える金額の部分は取引額の3%以内と決まっている．なお，報酬金額は国によって違う．イギリスでは1.5〜3%，フランスでは5〜10%（売買価格に含める），アメリカでは3%であるが，法で上限が決まっているわけではない．

[10] 不動産業者の実態として従業員が3名以下が46.8%と約半数を占める（不動産適正取引推進機構，2013）．

め,基本的には民と民で解決することが求められる.問題がある空き家があっても所有者の把握が行政でも困難であり,固定資産税の台帳には実質的な所有者の連絡先があっても,目的外使用として行政内での開示も困難だった(地方税法 22 条による守秘義務).また,問題がある空き家でも,財産権の保護から,行政代執行（行政が代わりに執行すること,この場合は空き家を解体すること）は困難であった.

10.5　空き家に対する政策

空き家および空き家を取り巻く環境に課題があり,社会問題となってきたことから国や地方自治体が対応を始めている.

10.5.1　国の対応

問題がある空き家を特定空家として,行政が撤去できるように,空家等対策の推進に関する特別措置法（空家対策特別措置法）が整備された（2014年 11 月 27 日公布）.この法律に基づき,近隣や地域に迷惑をかけるような空き家（特定空家）に対して,行政が除去や修繕の指導・助言,勧告,命令,さらに強制代執行を可能とした.また,固定資産税台帳等の情報を行政内の内部で利用できるようにし,空き家のデーターベースの整備,市町村が空家等対策計画を策定し,空家対策協議会を設置できるようにした.また,問題のある空き家の場合は,宅地の固定資産税を 6 分の 1 にする特例の排除も可能とした.しかしながら,特定空家と認定するまでの時間や手続きがかかること,代執行しても費用を所有者から徴収できないなどの課題がある[11].

空き家になっている住宅は,相続したものの利用していないなどが多く,所有者の名義も相続時に変更していない例が多かった.所有者不明の土地が全国に約 20% ある（国土交通省,2018a）とされていたことをうけ,不動産を相続した際の登記として,相続したら 3 年以内に登記をすることとなっ

---

[11] たとえば,滋賀県野洲市の 9 戸のマンションは,空家対策特別措置法で特定空家に認定され,代執行されたが,近隣からのクレームがあってから代執行まで約 10 年かかっていること,建物解体に要した費用の多くは回収できていない等の課題がある.

た[12]．また，空き家などの中古住宅の取引時には，建物の性能が把握できるように宅地建物取引業法を改正し，建物状況調査の実施と図面などの情報の有無を示すこと，また，空家等の売買または交換の媒介における特例として（国土交通省，2018b），400万円以下の物件の不動産業者の売買手数料は，法律で決められている仲介手数料と，現地調査に要した調査費用や交通費などの費用を上乗せして受け取ることを可（売主側に対しあらかじめ説明，両者間で合意した売主側からのみ）とし，売主側から最大で18万円まで受け取れることとした．また，住宅の供給範囲の広がりを制限することから，各市町村は立地適正化計画を作成することになっている[13]．

10.5.2 地方自治体による対応—横浜市の事例

　地方自治体レベルでは，条例をつくるなどの他に，上記課題への多様な対応をしている．空き家の状態や，空き家になる原因は地域により異なる．ゆえに市町村レベルでの対応が必要である．たとえば，人口が増加していた横浜市でも空き家は約1割存在している．市場で解決できる部分もあるが，市場が有効に機能するように施策（間接関与）が必要であり，かつ直接的な施策（直接関与）が必要な部分もある．そのための公民の役割の分担と連携，自治体内での関連政策との連携が必要である．

a. 横浜市の空き家対応施策

　空き家の予防，利活用，除去に関して行政の直接関与と間接関与がある．横浜市の空き家問題の予防と空き家の利活用促進施策には2つの特徴がある．

　第1の特徴は「民間との連携」である．空き家に関する相談は市や各区役所でも対応するが，相談できる民間の窓口の積極的な紹介，市主催の相談会での相談員としての民間企業等の活用，耐震診断の窓口も関係団体に委託している．空き家利用のための専門家派遣，特定空家の現地調査の活用等がある．

　第2の特徴は，「地域住民の育成，まちづくりの視点」である．地域拠点

---

[12] 相続登記の義務化などを盛り込んだ民法と不動産登記法の改正により2023年より施行予定である．

[13] 581都市が立地適正化計画について具体的取り組みを行っている（2021年4月1日時点）．

表 10.1　空き家の予防, 利活用, 除去への対応 (横浜市の場合　2022 年 3 月現在)

	公　直接関与	間接関与 (市場整備, 消費者教育等)	
		・民間企業との連携	・地域住民・地域組織 ・住宅所有者等への働きかけ
共通	・相談窓口設置, 相談会開催 ・対策計画と協議会	・関連団体　相談窓口 ・関連団体への紹介 ・相談会での相談員派遣	・出前相談会 ・適正管理の啓発 ・地域見守り事例の紹介
予防	・固定資産税納税通知書を利用しての適正管理のお願い ・耐震診断補助 ・耐震改修補助	・耐震診断　業界団体と協定, 受付は団体, 診断無料 ・利活用補助 (まち普請, お茶の間支援事業)	・空き家所有者意識啓発パンフレット (セルフチェックシート含) ・適正管理 (空き家) のためシルバー人材センターと協定 ・住宅所有者向けスタートアップ (清掃費補助) ・借りたい人向け講座 ・地域拠点利用マッチング支援
利活用	・譲渡所得の 3,000 万円特別控除 (法) ・改修費補助		・リノベーション講座 ・流通活用マニュアル (使える補助金案内付) ・相談員派遣モデル事業
除去	・特定空家の認定 ・管理不全空き家の除去 (空家対策特別措置法, 条例)	・財産管理人制度の活用	・相談員派遣モデル事業　自主改善の促進 ・譲渡所得の 3,000 万円特別控除 (法) ・特定空き家の場合の固定資産税特例なし (法)

利用のためのマッチング支援がある. 多くの住宅が市場で流通することから, 他市町村でみられるような空き家バンクをつくらず, 地域拠点に使う場合に限定した空き家バンクの運営があり, 空き家の地域での利用を促進する. また, 住宅所有者向けスタートアップ支援 (地域で利用される場合に, 所有者に清掃費の補助), 地域で改修し利用する場合に利用できるまち普請制度 [14] やお茶の間支援事業 [15] (金沢区のみ), 改修費補助制度がある.

---

[14] 市民が地域の特性を活かした身近な施設 (公共施設を含む) の整備を, 自らが主体となって発意し実施することを目的として, 整備に関する提案を公募し, 2 回の公開審査 (コンテスト) を経て, その提案実現に事業費が補助される制度である.

[15] 空き家, 空き店舗等を活用して, 多世代の交流, 子育て支援, 健康づくり講座, 高齢者のサロン等, 地域の活性化に向けた取り組みを支援する制度である.

b. まちづくり，都市計画，福祉，居住政策等との連携，関係者の連携が必要

　空き家になる原因を考慮し，地域の課題そのものから解決を考える必要がある．人口減少による場合には，移住者や関係者人口を増やすための移住政策や観光政策，あるいはその地域に居住したいが住み続けられない高齢者には福祉政策，都心部の空洞化等には都心居住推進といった居住政策との連携が必要である．空き家問題はその地域が直面している社会問題に，制度や体制がミスマッチを起こすことから生じる問題であり，社会の現状に即して制度を再編する必要性を示唆している．

　また，空き家利活用の担い手不足は，従来の業態が空き家利活用にミスマッチということである．ゆえに，必要な専門家のネットワーク化なども含めたプラットフォームづくり [16]，公民連携，民民連携も必要である．

10.6　空き家に対する民間の取り組み

10.6.1　民間企業・NPO・大学などの取り組み

　行政だけの取り組みでは空き家の予防，利活用は難しい．民間による取り組みが期待される．ここでは，行政以外の民間として，民間企業としての不動産事業者，地域組織，大学などの取り組みを取り上げる．

a. 不動産業者の取り組み

　空き家を取り扱うには，従来の不動産業の業務としてみた場合に大きく4つの課題がある．第1の課題は，従来の不動産流通業は不動産の仲介が主である．しかし，空き家の利用には建物の性能の診断，それを踏まえてのリノベーションプランづくり，住宅需要を高めるまちづくり・地域ブランド化への取り組み，暮らしの支援として居住や福祉サービスの提供などが必要となる．この課題を乗り越えるために，1社で総合的に取り組む場合と，専門家が連携し取り組み，住宅需要を創り出す取り組みとして地域でのまちあるきから，まちの魅力を伝える取り組みなどがある．

　第2の課題は，不動産業者にとっては空き家の賃貸や売買は割の合わない

---

[16] 流山市では，不動産業者，建設業者，設計事務所がチームとなり，市に登録し，市民のすまい・不動産の相談，住宅の売却・購入，賃貸借等のサポートを行う．詳細は，齊藤広子（2015）．

業となりがちである．日本では，不動産仲介業の取引報酬の上限が決まっており，空き家の取り扱いは手間・暇がかかるが，取引金額が低いために報酬は少なくなる．よって，新たな取引形態として，売主自らと買主自らが交渉するスタイルが登場している．

　第 3 の課題は，空き家になっている不動産には税の滞納や抵当権がついていることなどがあり，売買等には権利関係の清算が必要となるが，それを業として引き受ける人が存在せず，市場での流通が困難になっている．これに対して，財産管理人制度 [17] や日本型のランドバンクの活用がある．

　第 4 の課題は，空き家になっている不動産には接道義務を満たさないものがあり，再建築が不可であるがゆえに，取り壊しもせず，放置されているものがある．接道義務を満たすようにまちづくりとの連携がある [18]．

b．地域での取り組み

　地域の住民による取り組みには，町内会・自治会をベースにしたもの，NPO によるものなどがあり，多くは地域拠点に使われている．課題としては，法人格がない場合に契約の主体になれない，空き家を改修し利用したくても費用がない，隣接住戸の理解を得られない，貸したい人と借りたい人の出会いの場がないなどがある．そのため，行政によるバンクや，補助金制度がある場合がある．

c．大学による取り組み

　大学の COC 事業 [19] で地域貢献への期待が高まった 2013 年ごろから，大学生らによる空き家利活用の取り組みがみられる．空き家の実態調査，利用プ

---

[17] 相続人の存在，不存在が明らかでないとき（相続人全員が相続放棄をした場合も含まれる．）には，家庭裁判所は，申立てにより被相続人（亡くなった方）の債権債務関係の清算を行うこと等を目的に相続財産の管理人を選任する．（民法第 951 条以下）．なお申し立てができるのは，検察官および利害関係人（被相続人の債権者，特定遺贈を受けた者，特別縁故者など）で，市町村は税金の滞納などがある場合には申し立てが可能となる．アメリカでは空き家や空き地の利活用にランドバンクや財産管理人の活用がある．

[18] NPO つるおかランド・バンクでは，行政と民間が協力し，接道義務を満たすように，小規模連鎖型区画再編事業や土地の形状や所有を再編し，空き家の利活用を進めている．

[19] 2013 年より文部科学省が，大学等が自治体と連携し，全学的に地域を志向した教育・研究・社会貢献を進めることを支援し，課題解決に資する様々な人材や情報・技術が集まる，地域コミュニティの中核的存在としての大学の機能強化を図ることを目的として「地（知）の拠点整備事業」を開始している．

ランの提案，リノベーション，運営などであるが，課題として人材不足，費用の確保，専門知識の不足，運営の継続性などがある．

10.7　海外の空き家対策

10.7.1　日本の空き家問題の課題——世界の空き家対策をみる視点

日本の空き家対策として，次の課題がある．第1に行政の直接関与は，特定空家になってからであり，予防の視点からの早期対応がない．第2に，所有者が空き家を相続し，なんとなく空き家になっているが，その空き家を使いたくなるような，使わせるような促進策がない．第3に，民間の活力を上手に使えていない．行政と民間との連携が少ない．第4に，第3とも大きく関わるが，民間力を上手に活用するために，滞納税や抵当権がついている不動産の権利関係を整理し，円滑に市場を活用するための仕組みがない．

10.7.2　海外の空き家対応策

上記の第1の課題に対して，アメリカでは，所有者による改善を促すために，関連条例の制定と条例違反への改善命令が行われ，改善が行われないと，行政による代執行，新規所有者への競売，州法に基づいたランドバンクや財産管理人[20]による対応がある．つまり，わが国のように，特定空家になるまで行政がじっと見守る制度だけではない．なお，日本の制度である空き家バンクは，所有者と利用者をつなぐマッチングが主な機能であり，アメリカのランドバンクとは仕組みは大きく異なっている．

第2の課題に関しては，フランスの空家税などがある[21]．イギリスでは固定資産税を居住者が支払うことになるが，空き家の場合に所有者が負担することになる．空き家の場合に免除の措置があるが，利用の促進から2年以上

---

[20] 財産管理人制度は19州と1市で実施されている（2020年現在．平修久ほか（2020））．

[21] 1998年から住宅所有者を対象に導入された．対象となる空住宅とは，①居住可能な住宅（住宅として使用できる最低状態確保が必要．また，商業用建物を対象としない），②家具等が置かれていないこと，③一定の期間空き家であること（当初は2年，2013年より1年）である（小柳，2014）．

空き家の場合には 2 倍の請求になる可能性がある（gov.uk）[22]．こうした税を
使っての利用誘導もある一方で，アメリカの管財人制度等にみられるように
条例違反の場合の修繕命令に従わない場合は，競売等となり所有権を失う可
能性があるという通知を行うことで，維持管理や利用を促進する方法がある．
また，イギリスでは空き家管理命令（2004 年住宅法）があり，2 年間使われ
ていない空き家の所有権をそのままに，利用権を自治体が収用する方法があ
る．ドイツでは，2004 年からハウスハルテンという，市民と行政，建築関
係者による団体が，5 年間の期間制限付きで所有者から住宅を借り，無料で
貸し出し，居住者自らが修繕や改修を行うことで，空き家の利用と管理を促
進する仕組みが広がる．また，行政も地域の再生をして空き家問題に取り組
む．フランスでも民間企業と役所が連携し，空き家を再生する取り組みがあ
る．また，イギリスやイタリアでは，1 ポンド住宅や 1 ユーロ住宅と呼ばれる，
空き家率が高い地域で，役所が空き家を買いあげて，売却する等の直接関与
の取り組み，さらに空き家改補修補助金制度（empty home grant）（例　イ
ギリス中央政府による）等がある．

　第 3 の課題，空き家利活用の公民連携については，アメリカでは財産管理
人制度を活用した取り組みがある．また，ランドバンクは構成員に民間人が
含まれることと，行政と民間企業をつなぐ役割がある．地域の空き家を取得
し，再生・管理運営を行う，土地所有者と地域住民，自治体・事業者などで
構成されるコミュニティ・ランド・トラストなどもある．

　第 4 として，アメリカの財産管理人制度やランドバンク制度では，権利関
係の清算が行われる．わが国でも空き家の利活用に不在財産管財人制度，相
続財産管理人制度を使うことは可能だが，選任申し立てに多くの手間と費用
が掛かり，費用回収が困難で利用は限定的である．ゆえに，資金源として，
アメリカのランドバンクのように固定資産税の罰金や延滞利子の利用，財産
管理人制度のように権利の清算のために借り入れができるなどの制度構築が
必要である．

　上記の海外の空き家対策の事例は，公民の新たな連携がみられ，さらに空

---

[22] さらに 10 年以上空き家の場合には 4 倍まで請求が可能である．

き家対策はまちや都市の政策との関係で行われ，都市再生につなげているものが多い．

10.8　お わ り に

　空き家問題はいまや大きな都市問題，都市の課題である．ゆえに，空き家の予防には，第1に国民一人一人がものをもつことの責任を自覚し，行動をとることである．第2に時代に合わない不動産の制度を時代に合った制度に変えることである．第3に，公と民の新たな役割分担，また多業種間の連携，地域での民民連携，移住政策・福祉政策との公内での政策の連携など，都市の課題である空き家対策には，新たな連携，新たなプラットフォームの構築が必要である．第4に，空き家は単体の不動産であるが，都市の再生，都市の活性化，都市の外部不経済の予防という視点からの対応が必要である．

　空き家は，まちや地域の迷惑な存在にも人気者にもなれる．その鍵は，新たな連携，新たな仕組みづくりである．空き家が私たちに問いかけているのは，「みんなが連携し，時代の変化にしっかりと対応していけ！」ということではないか．みんなの連携，新たな仕組みづくりが日本の社会，世界を大きく変えることになる．

文　献

浅見泰司編著（2014）：都市の空閑地・空き家を考える，プログレス．

浅見泰司（2014）：空き家の都市問題，都市の空閑地・空き家を考える，115-124，プログレス．

不動産適正取引推進機構（2013）：不動産取引・管理に関する実務実態調査の結果について（売買・売買仲介（代理を含む）アンケート），*RETIO*, No. 90, 79-91. https://www.retio.or.jp/attach/archive/90-079_1.pdf(参照 2021 年 6 月 21 日)

国土交通省（2007）：定期借家制度実態調査の結果について．https://www.mlit.go.jp/kisha/kisha07/07/070703/01.pdf（参照 2021 年 6 月 12 日）

国土交通省（2015a）：社会資本整備審議会住宅宅地分科会（第 42 回）資料 3. 空き家の現状と論点．https://www.mlit.go.jp/common/001107436.pdf（参照 2021 年 6 月 17 日）

国土交通省（2015b）：社会資本整備審議会住宅宅地分科会（第 44 回）住宅関連デー

タ．https://www.mlit.go.jp/common/001113247.pdf（参照 2021 年 6 月 17 日）

国土交通省（2018a）：平成 30 年版土地白書.

国土交通省（2018b）：国土交通省告示第 1155 号.

国土交通省（2019）：社会資本整備審議会住宅宅地分科会（第 49 回）（2019 年 12 月 23 日）資料 6. https://www.mlit.go.jp/policy/shingikai/content/001323208. pdf（参照 2021 年 6 月 12 日）

国土交通省（2020）：令和元年空き家所有者実態調査　集計結果. https://www. mlit.go.jp/report/press/content/001378475.pdf（参照 2021 年 6 月 13 日）

小柳春一郎（2014）：欧米の空家対策―フランスの場合, 日本不動産学会誌, 28（3）, 32 − 36.

倉橋透（2013）：イギリスにおける空き家対策―Measures for Empty Homes in England, 都市住宅学 = Urban housing sciences, 80, 21 − 24.

文部科学省（2020）：学校基本調査―結果の概要（令和 2 年度）.

内閣府男女共同参画局（2021）：男女共同参画白書　令和 3 年版.

野呂瀬秀樹（2014）：わが国の空き家問題（＝地域の空洞化）を克服するために―ドイツの実例に学ぶ, 都市の空閑地・空き家を考える, pp.244 − 263, プログレス.

齊藤広子（2015）：既存住宅の空き家予防のための地域連携体制づくりの課題と対応, 都市計画論文集, 50（3）, 1025 − 1031.

齊藤広子（2018）空き家の予防・利活用の課題―ヨコイチ空き家利活用プロジェクトを踏まえて, 横浜市立大学論叢. 人文科学系列 70（2・3）, 7 − 27.

平　修久（2020）：アメリカの空き家対策とエリア再生―人口減少都市の公民連携, 学芸出版社.

平　修久ほか（2020）：アメリカの空き家財産管財人制度についての一考察―各州の法令比較, 聖学院大学論叢, 33（1 − 2）, 17 − 34.

米山秀隆編著（2018）：世界の空き家対策, 学芸出版社.

Gov.uk: How Council Tax works. https://www.gov.uk/council-tax/second-homes-and-empty-properties（参照 2022 年 3 月 29 日）

第11章 安全な暮らしのための住宅地を考える

［石川永子］

11.1 はじめに

　みなさんは，今，自分が住んでいる住まいが，どの程度，災害に対して安全か，考えたことがあるだろうか．災害のあとの仮住まいやまちづくりがどのように進むか，考えたことがあるだろうか．

　住まいの安全については，建物単体としての視点（耐震や耐火）と，住まいが立地している場所の安全性を考えるための土地利用のあり方や防災まちづくりなどの都市計画的な視点がある．今回は，特に後者について，一緒に考えていこう．

　わが国は，2008年をピークに人口が減少する時代に入っており，都市部でも人口の減少と高齢化が進展している．住宅地には子世代が別の場所で住まいを確保し親世代が高齢化して住まなくなったため空き家が増えている．また，人口が増加し都市の開発の需要が高かった時代につくられた住宅地であっても，利便性や住環境の観点から淘汰され，空地や空き家が増加したエリアもある．

　世界的な気候変動への対処は，「緩和策」と「適応策」がある．「緩和策」は，温室効果ガスの排出削減と吸収対策，「適応策」は，悪影響への備えと新しい気象条件の利用で，本章に関連するのは後者であり，生態系の保全等と共に，治水対策や治水の危機管理対策があり，土地利用コントロールや災害時の行動に関する普及啓発等も含まれている．

　利便性が高い場所であっても，人口減少の時代には，たとえば，局所的に大きな被害が予想される場所には住まない，または，危険を減らすような工

夫やルールに基づいて住まいが建築され，安心して暮らしていくことが望ましい．しかし，「住まい」に関することであるから，住み手がなぜ，危険性が高い場所に住んでいるのか，その理由や経緯などを分析し，危険性の高いまちがどのようにして成り立っていったのかを，人の側から考えていくことが大切である．

　また，もし，災害により被害を受けたとしても，少しでも早く安定した暮らしが戻るような，災害後の住まいの支援というのは，他人事ではない．この章では，今まで説明したことについて，事前に災害後の暮らしや住まいについてイメージでき，よりよい選択ができるように，そして，安全な住まいで暮らせるように，知っておくべきこと，考えるべきことを，自治体や地域の取り組みを通して伝えていく．

11.2　住まいの安全の確保と土地利用に関する近年の傾向

　わが国では，毎年のように大規模な水害に見舞われている．都市部においては，河川からの越水による洪水被害（外水氾濫）以上に，大雨により短時間に降った雨の下水の排水機能が追いつかずに，マンホール等から水があふれ出て周囲が浸水する内水氾濫の被害が目立っている．

　加えて，都市部の住宅地内においても，開発の需要が大きい地域を中心に起伏のある地形を開発して宅地がつくられたために，土砂災害が起きやすいエリアを多く含む住宅地が存在している．

11.2.1　身近な例で考えてみよう

　自治体が公表しているハザードマップを見たことがあるだろうか．横浜市であれば，Webの「わいわい防災マップ」などで，水害（洪水，内水），地震による被害（揺れ，津波），土砂災害の危険性を知ることができる．このような土地の危険性についての情報は，住宅を売買する場合だけでなく，学生らが一人暮らしをする際に，集合住宅を賃借する際に，不動産会社が行う重要事項説明の際にも，建物の耐震，土砂崩れや浸水に関する情報開示がされる．

11.2.2 法制度改正・新設と，住宅地の誘導

a. 砂防法・土砂災害防止法

土砂災害防止法により，特に危ない地域にはレッドゾーン（土砂災害特別警戒区域），イエローゾーン（土砂災害警戒区域）と呼ばれ，特にレッドゾーンについては，構造など建物の建築に関する制限が課せられている．また，頻発・激甚化する自然災害に対応するため，災害ハザードエリアにおける開発抑制，移転の促進が検討されている．

b. 都市再生特別措置法・立地適正化計画

持続可能な都市経営と，福祉や交通なども含めた「コンパクトシティ・プラス・ネットワーク」の考え方による立地適正化計画制度が創設された．立地適正化計画では，都市機能誘導区域，居住誘導区域等を設定する．居住誘導区域は，「人口減少の中にあっても一定エリアにおいて人口密度を維持することにより，生活サービスやコミュニティが持続的に確保されるよう，居住を誘導すべき区域」とされ，土砂災害や浸水の危険性の高いエリアの指定の可否の議論がなされている．

11.2.3 気候変動への適応——土砂災害と住宅地

都市の人口が増えていく過程で，傾斜地等を開発して住宅地としてきた．崖を切ったり（切土）土を盛ったりして全体的に平坦にすることが多いため，盛土部分が崩れ被害が発生することが多い．

図11.1 広島市で発生した土砂災害等の様子（内閣府防災担当部局，2015）

　たとえば，2014 年に広島県広島市北部の安佐北区や安佐南区の住宅地などで発生した大規模な土砂災害は，都市郊外の住宅需要に応じた斜面地開発地における被害として，全国で同様の地域の防災対策に大きな教訓となった．

11.2.4　内水氾濫による住宅地の広域被害

　都市部では，洪水などの河川の決壊等による浸水被害の他（外水氾濫），道路舗装により土中に降雨が浸透せず下水に流れていくことや，近年の気候変動により短時間に激しい降雨のより下水処理能力を超えることにより浸水する，内水氾濫が頻繁に発生している．

　令和元年東日本台風（19 号）では，川崎市でも約 2,000 世帯が浸水する内水氾濫が発生した．これは，排水機能と共に多摩川への排水の水門の操作にも課題があったとされる．横浜駅のように，乗降客の多い駅の周辺が河川に囲まれ,浸水想定区域となり,避難誘導の訓練などが重要となる施設もある．

11.3　ケーススタディ

　具体的な例を取り上げて，住宅地内の安全性について考えてみよう．

11.3.1　土砂災害の危険性と共に，大規模火災の可能性のある木造密集市街地

　横浜市の中心部（中区，西区，南区，神奈川区等）には，高低差の大きい起伏のある住宅地が多いが，その多くが木造密集市街地として，特に地震時に火災が延焼する地域となっている．図 11.2 のように，延焼危険性と②避難困難性が高く改善が必要な「地震時等に著しく危険な密集市街地」として，29 地区 355ha が指定されている．

11.3.2　高低差のある木造密集市街地の特徴

　「地震時等に著しく危険な密集市街地」の例として，横浜市中区本郷町 3 丁目をあげる．

図11.2 「地震時等に著しく危険な密集市街地」対象区域図と対象区域リスト（横浜市，2021）

a. 地形の特徴

　本郷町3丁目内の標高差は20 m以上あり，2本の谷戸により起伏の富んだ住宅地となっている．横浜市行政地図情報提供システム内の土砂災害ハザードマップ（図11.3）を見るとわかるように，土砂災害特別警戒区域（レッドゾーン），土砂災害警戒区域（イエローゾーン）が散在しており，ゾーン内および周辺地に住宅が存在している．

　また，4 m未満の道路，道等や私道，階段状の道が多く，地震火災時の主要避難経路となっていることも大きな課題である（図11.4）．加えて，崖な

図11.3 土砂災害ハザードマップ（中区本郷町付近）（横浜市）

図 11.4　4 m 未満の道路(中区本郷町付近)(横浜市)

どにより行き止まりが散在している．これらの場所の多くは，接道条件が建築基準法に合っていなかったり，解体や新築の際に資材を近くまで車で運ぶことができないために建築費が高額となったり，道路から宅地へのアクセスに段差があったりと，建物更新が物理的・経済的に困難な状況にある．

b.　居住者の特徴と課題

　本郷町 3 丁目の高齢化率 (65 歳以上) は，男性 23.7%，女性 30.1%となり，横浜市中区の平均 24.1%を上回っている．

図 11.5　アクセスに高低差のある宅地(筆者撮影)

図 11.6　狭い道・階段状道路 (筆者撮影)

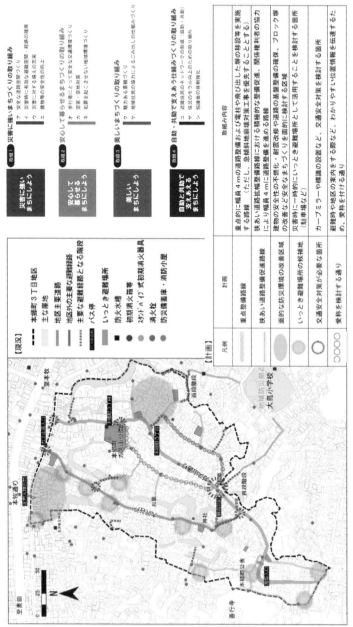

図 11.7 住みよいまち. 本郷町 3 丁目地区協議会 防災まちづくり計画 (横浜市)

桜木町などの横浜中心部にもバスで乗り換えなしでアクセスできるため，若年の単身世帯向けの賃貸住宅や，小規模な木造三階建の新築が目立つ．一方で，車の入れない道や，前面道路から玄関までに高低差がある宅地が多いなど，高齢者などが住み続けるのには厳しい状況でもある．また，傾斜地や私道の奥などを中心に空き家が多くなってきている．本郷町3丁目は2つの自治会から成り立つ「住みよいまち・本郷町3丁目地区協議会」により防災まちづくり計画が策定されており，この計画は横浜市地域まちづくり推進条例により同市から認定されている．

11.4　事前の対策と検討の取り組み

災害について，発災前に市民がその地域の危険性を知り，災害後の暮らしをイメージし，その後の復興まちづくりについて検討することで，ひるがえって，今のまちをどのように安全にしていけばよいのかを考える取り組みについて紹介する．

また，人口減少や高齢化に伴い，レッドゾーンや浸水想定深さの深い場所に住宅を建てずに，菜園や広場として，周辺住民に利活用してもらう取り組みもはじまっている．これらの取り組みでは，土地を公共が買い上げるのではなく，期間を区切って無償で自治体に貸し出してもらい，税の減免や，老朽家屋がある場合は撤去の補助金や，地域の避難路として行き止まり解消のための通路や階段，災害時に活用するための広場を造成するなどの工事を自治体が負担するなどの工夫がなされている．

11.4.1　木造密集市街地内の民有地の暫定利用としての防災広場等整備

密集市街地内の空地や空き家，特に老朽家屋の空き家は，防災上，防犯上で課題が多い．空家対策特敕法による対策もとられているが，建物を除却すると固定資産税の負担が増加するため，そのまま放置されている例も目立つ．空き家や空地を，自治体が防災空地として整備する事業が密集市街地内で行われているが，その先駆けとなった，神戸市の事例を紹介する．

神戸市「まちなか防災空地整備事業」では，一定の期間（3〜5年），地主

から自治体が土地を借り受ける形をと
り，暫定利用として，防災空地を整備
する．暫定利用の間，固定資産税が非
課税になるというインセンティブがあ
る．民有地を活用して，まちの防災力
向上を目指す取り組みと位置づけられ
るが，建物の除却の有無，周囲との高
低差の有無等の状況により，期待され
る効果が異なる．行き止まりや高低差
の解消のための通路を空地内に整備し

図11.8　本郷町3丁目防災広場入口（筆者撮影）

て火災時の避難の円滑化を図る事例や，通常は農園や花壇として地元住民に
より管理されたり，かまどベンチを含む椅子などが置かれて，憩いの場とし
て利用されたりしているが災害時の活用を想定している事例などがある．

　横浜市内では，先述の本郷町3丁目の崖に沿った階段に面して中腹の土地
に，「まちの防災広場整備事業」による防災広場がある．自治会の避難訓練
の時には本部となり，安否確認を担当する各地区の班長が報告する場となっ
ている．この例でも，老朽空き家を市が除却し，行き止まりと高低差解消の
階段状の通路が設けられ，二方向避難を可能としている．また，公園や自治
会館等がないため，貴重な共有空間となっている．

11.4.2　事前復興まちづくりの検討

　これまで紹介してきた，横浜市中区本郷町3丁目の事例のように，地域内
に大きな高低差がある谷戸地形で，住宅地内に土砂災害警戒区域が散在し，
狭い行き止まりの道や階段状の道が多く，大規模火災時に二方向避難が難し
い地域は多くある．特に，横浜市中心部のように，交通の利便性も良い住宅
地には，その地形に這うように，小規模な木造住宅が立ち並ぶ地域があり，
「著しく危険な密集市街地」として指定されている．

　このような地域では，先にも述べたように，市民によるソフト面での防災
対策（安否確認や見守り活動等）が行われたり，市民による検討によって防
災まちづくり計画がつくられたりして，階段状の道に手すりをつけるなど，

誰にとっても住みよいまちになるような活動が続けられている.

　しかしながら,首都直下地震のような大規模地震と火災が発生した際には,多くの建物被害や人的被害に見舞われる可能性が高い. また, 東京都区部に多い木造密集市街地のように, 平坦な土地ではないため, 災害後の道路や広場を含めた基盤整備および, 揺れによる土砂崩れなどの道路や宅地復旧などについて, 今まで行われてきた区画整理事業をそのまま適用するのは, 実行が困難であることが明確である. そのため,災害前から,「避難しやすいまち」「仮住まいの場所をみつけるのが困難な課題をどうするか」「どのような復興まちづくりを目指すのか」といったことを,市民と行政と専門家で話し合い,災害後のまちづくりの流れを疑似体験しておくことが, 他の地区よりもより大切であるといえる.

　そこで, こういった谷戸地形の密集市街地のモデルとして, 中区本郷町3丁目を事例に, まずは行政職員と大学とで, 住民を対象とする地域復興まちづくりワークショップをシミュレーションするための検討を行った.

　復興まちづくりの検討には, 一連の流れの中で, 政策立案, 防災まちづくり, 住宅政策, 都市計画といった, 様々な部署による検討が必要で, そういった関係者が集まり,議論を尽くす場をつくることがとても大切であることが,参加者の感想として述べられた. また, 現実の防災まちづくりは, 様々な権利関係やしがらみの中で, 修復型で調整されていくが, 大災害後の建物の倒壊や大規模火災後の復興まちづくりを考えることで,「このまちに何が必要

図11.9　暮らし方を考えた仮設住宅団地のレイアウ
ト検討（筆者撮影）

図11.10　起伏のあるエリアの行き止まり解
消の検討（筆者撮影）

なのか」「次の災害への防災を考えたときに重要な論点は何か」「地域に暮らす人々のことを考えたときに，残す・受け継ぐべきことと改善していくべきことは何なのか」といった，根本的な問いについて考える機会となるのが，事前復興まちづくりのワークショップの特徴である．その中で，当然のことながら，レッドゾーン等の危ない場所に住む人を減らすための計画や，空地となった民有地の活用の方法などについても議論が行われる．今後は，行政だけでなく，地域のまちづくり協議会等の市民の間で，検討を行っていく．

11.4.3 かながわ仮住まいリーフレット

　令和元年台風19号を含む神奈川県内での災害後の仮住まいの供給状況や，今後懸念される首都直下地震等の大規模災害に備えて，神奈川県では，「かながわ仮住まい」のリーフレットの作成と，配布による普及啓発を行っている．筆者もリーフレットの検討委員会に参加したが，実際のリーフレットを，様々な地域や立場の市民にみてもらい，内容や見やすさなどについて意見をもらい，反映させたものとなっている．

　市民の意見聴取の中でもあったが，災害後の避難行動や避難所までの流れなどについては，地域での取り組みや行政の説明があったが，被災者となっ

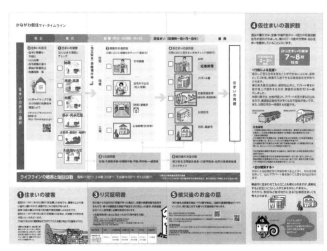

図 11.11　かながわ仮住まいリーフレット（表紙（左）と内側（右））（神奈川県）

たときに，行政からどのような支援があるのか，仮住まいの種類や量，どのように仮住まいを申し込むことができるのかなど，その流れを知っている人は少なかった．このリーフレットでは，それらの流れがわかりやすく書かれているだけでなく，それぞれのコンテンツにある QR コードなどから，災害時の最新の行政からの情報などが閲覧できるようになっている．

　また，このリーフレットを使って，地域や学校などで，説明をしたりする機会をつくれるようにも配慮されている．今後，活用が期待される．

11.5　わが国の課題のまとめと海外の参考事例

11.5.1　国内の課題

　ここまで，住まいの安全について，自然災害のハザードマップなどによる情報発信と土地利用制限や誘導などの方法，防災まちづくりなどの都市計画的な方法について，整理してきた．特に，高低差があり狭い道が多いために建物更新が遅く，古い木造住宅が密集し火災避難に大きな課題を残すエリアについて，その危険性だけでなく，そこに住んでいる人々の暮らしや，防災活動の取り組み，人口減少に伴う空き家対策と防災の連携について，説明してきた．

　加えて，地球規模の気候変動の適用策の一環として，近年，わが国でも，砂防法の解釈や，立地適正化法に関連する事業により，土砂災害や水害でハザードのある場所への建築の制限や，土地利用の転換の誘導などの検討も活発に行われている．

　しかし，危険性のある土地の強い制限（建築禁止等）に踏み込む計画は，火山噴火による周辺の土地利用計画を除くと，未だ少数であるといわざるをえない．

　国内の例として挙げると，滋賀県では，浸水警戒区域を指定し，建築基準法第 39 条第 1 項の災害危険区域としている．モデル地区を設定し住民協議会を立ち上げ，「水害に強い地域づくり計画」を策定する中で，浸水警戒区域を指定し，区域内は住居，社会福祉施設，学校，医療施設の用途に供する建築物の新築や増改築等の際には知事の許可が必要となっている．区域内で

建築行為を行うためには，1以上の居室の床面積または避難所有効な屋上の高さが想定水位以上であるなどの要件を満たさねばならない．

　海外に目を向けると，早くから，ハザードの高い場所について建築の制限を行ったり，復興計画において建築制限を行ったりなど，明確な方針を出している国もある．たとえば，地震の多いニュージーランドが挙げられよう．

　また，水害においては，浸水想定深と建物の建築要件の設定を行い，それらを水害保険と連携させるなどして，土地利用とリスクコントロールを行っている国もある．その例としてアメリカを紹介しよう．

11.5.2　地震の復興と土地利用——ニュージーランドとトルコ

a.　ニュージーランドの活断層上および周辺の土地開発コントロール

　ニュージーランドでは，1991年資源管理法（Resource Management Act 1991）に基づき土地利用計画的アプローチの方向性を提示するものとして，ニュージーランドの資源管理プランナーのための指針（A guideline to assist resource management planners in New Zealand）が示され，活断層上または近傍の土地開発のコントロールが行われている．

　既知の断層線または断層破断想定区域（両側20 mの緩衝帯）では，地区計画図に断層回避区域を設定することで，自治体は同区域内の開発を制限することができる．この指針は，ハザード・リスクの最小化と，断層破断による地震からの復興において，個人・コミュニティの負担を軽減することを目的としている．開発前の土地であれば，建物建設を行わないように土地所有者に要求することができる．また，既成市街地においては，さらなる開発を回避すること，再建築を認めている現存の利用権を制限すること，建物用途を制限することが理想的だとされるが，現実的には，追加的開発や建物利用をリスクのレベルに調和したものにすることや，地区計画図に断層破断ハザード区域を明示して，居住者等に危険性を伝えることであるとされている．

b.　トルコ西部地震後の規制市街地のダウンゾーニングと断層上と周辺の建築制限

　1999年に発生したトルコ西部地震（マルマラ地震）では，断層の一部が海ではなく陸地を通ったところがあり，断層上の建物は特に大きな被害を受

図 11.12　断層上の建築禁止区域（筆者撮影, 加筆）

図 11.13　被害建物撤去後の建築禁止区域とその周辺
建物（筆者撮影）

け，多くの建物が倒壊した．そのため，断層の両側 10 m ずつは新築および
修繕禁止区域として建物は撤去され，断層より海側は新築禁止区域となった．
その結果，一部の建物は大きな被害を受けたにもかかわらず修繕して居住を
続けている集合住宅もある．また，その周辺の規制市街地は，震災前は 7 階
まで建築することができたが，階数を 3 まで減らすことでしか新築の許可が
下りない，実質上のダウンゾーニングのエリアとなった．背景には，これら
の地域の集合住宅の区分所有者は内陸部のニュータウンに格安の復興住宅を
購入する権利を付与されたことと，耐震基準は日本並みに厳しいが，施工段
階での不良により耐震性が確保されていない住宅が多かったため，わかりや

すく順守させることができる階数制限に踏み切ったという事情がある.

11.5.3 都市型水害の事例——ニューヨーク水害時のホテル仮住まい

都市水害後は避難生活を送る場所が混雑するだけでなく,建設型の仮設住宅が用意されるまでには数か月を要するし,賃貸型の仮設住宅については,自ら物件を探してこなくてはならず情報格差等により高齢世帯等が賃貸型仮設住宅に住むのが相対的に難しくなっている.また,仮住まいのための空き家の需要と供給のミスマッチが,間取り,立地,家賃帯で起こりやすい.そういった状況改善の1つのヒントとなる事例が,2012年にアメリカのニューヨークを襲った,ハリケーンサンディの際の災害対応である.

米国の被災法(Post-Katrina Emergency Management Reform ACT of 2006)に基づいて,被災者は,持ち家や賃貸にかかわらず,災害から18か月の間,FEMAにより,仮住まいのホテルや仮設住宅,賃貸住宅費などの住宅支援を受けることができる.

災害時には,連邦緊急事態管理庁(FEMA)から被災者に対してIndividual and Households Program(IHP)が適用される.IHPにより,被災者は,仮住まいの家賃・被災家屋の修繕・医療費・被災した車などの生活必要品の購入補助・TSA(Transitional Shelter Assistance)によるホテル滞在費等に利用でき,最大31,000ドルの支援を受けることができる.

ハリケーンサンディ後のニューヨーク市は,主にホテルを仮住まいとして利用した.ホテルが使えるTSAプログラムは短期間(5〜14日)の設定だが,ニューヨーク市は延長を繰り返し,結果的に約1年間,約3千人が利用した.ホテルを利用している間に,被害を受けた家屋の修理などを行った.ニューヨーク市にも仮住まいの家賃補助のためのバウチャーが用意されていたが,家賃が非常に高いため,それを使用する人は少数であったとされる.また,2005年のハリケーンカトリーナの際に仮住まいとして用いられたトレーラーハウスは住環境として評判がよくなく,FEMAはハリケーンサンディの際は,トレーラーハウスを用いずに,ホテルなどを利用することで仮住まいの支援を行った.

人口が多く,建設型の仮設住宅や賃貸型の仮設住宅の家賃が高いニュー

ヨークにおいて，迅速に被災者に仮住まいを提供できるストックとして，ホテルなどの宿泊施設が期間なども含め柔軟に用いられた事例は，わが国においても，停電等の社会的被害は広範囲でも建物被害は局地的な場合など，活用できる可能性もあり，参考になる事例であるといえる．

11.6 おわりに

　いまや，都市部において，災害は毎年のように日本のどこかで発生している．安全なところに住むのが一番だが，もし，自分の住んでいる家が被災してしまったときに，どのように仮住まいをしたらよいのか，どのような支援があるのかなど，住まいの再建の流れと課題を知っておくと，いざというときに心強いだろう．災害の多い日本に住む私達だから，普段も，心地よい住環境で暮らしたいし，できるかぎり，被災したくない，というのが本音だと思う．これから先，長い人生の中で，今回の話が，少しでも心に残ってくれたら，嬉しい．

文　献

馬場美智子・岡井有佳（2017）：日仏の水害対策のための土地利用・建築規制—滋賀県の流域治水条例とフランスの PPRN を事例として，日本都市計画学会都市計画論文集，52（3），610-616.

牧　紀男（2011）：災害の住宅誌—人々の移動とすまい，鹿島出版会.

三好章太ほか（2017）：密集市街地の民有地を暫定利用する防災空地の評価手法の検討—神戸市「まちなか防災空地整備事業」を対象として，日本都市計画学会都市計画論文集，52（3），293-300.

内閣府防災担当部局（2015）：平成 27 年度版 防災白書.

岡本　正（2020）：被災したあなたを助けるお金とくらしの話，弘文堂.

横浜市（2021）：横浜市記者発表資料—全国の「地震時等に著しく危険な密集市街地」の公表に伴い，横浜市における対象地区を公表します．https://www.city.yokohama.lg.jp/kurashi/machizukuri-kankyo/toshiseibi/bosai/sonotajigyo/shinkiken_20210319.files/0004_20210319.pdf

コラム◆都市における高齢化とアクティブエイジング

　都市部で老いを迎えるとはどういうことだろうか．欧米の研究では，地方より都市に住む高齢者のほうが必要なサービスを受け，高い生活水準を維持していると報告されている．地方でも環境が改善され，地域差は縮小しているものの，両者の生活状況にはまだ差がみられるようである．成人した子どもが居住していたり，利便性が高かったりするため，日本でも都市に住む高齢者が増えており，今後は都市部の人口集中が進むと予測されている．国立社会保障・人口問題研究所の調査（2018）によると，2015年から2045年までに，全国の総人口に占める高齢者の割合は，東京都（12.8%），神奈川県（7.8%），大阪府（6.9%）で増加し，埼玉県や千葉県，愛知県，福岡県でも上昇するという．また，同期間に，東京都と神奈川県の65歳以上の人口は30%以上，関東地域の75歳以上の人口は50%以上増加すると考えられている．

　これほど寿命が延び，高齢者が健康を維持できるようになったのは，近代社会における最大の成果だろう．だが，世界に先駆けて超高齢社会を迎えた日本は，前代未聞の課題に直面している．多くの高齢者が介護や医療ケアを必要とするため，都市部では2040年までに，介護施設や職員の不足，医療・介護支出の増加，家族や社会への負担増に直面することになる．

　実際には健康な高齢者の方が多いだろうが，そうした高齢者も3つの側面において脆弱な立場に立たされる．第1に，介護が必要でなければ，介護保険サービスを使用しないため，自治体，ケア事業者，福祉による生活状況の把握が困難となり，家族のみに負担がかかる．第2に，高齢者夫婦世帯や独居世帯が増え，特に大都市では近所づきあいが希薄なため，頼れる者がおらず，孤立してしまう．そして，第3に，貧困という側面である．近年の被生活保護世帯は約5割が高齢者世帯となっている．年金と生活保護を受給する高齢者もいるが，無年金の高齢者も約3割と少なくない．介護保険と同様，生活保護の受給がなければ，公的なサービスや制度，社会とのつながりが完全に断たれることにもなる．

　実際，孤独死の問題は後を絶たない．東京都のデータでは，自宅での孤独死の割合が増えており，自殺が死因のものは50代，60代の成人に続き，70代以上の年齢層に多い．また，女性の自殺者も増えており，女性問題にも絡んでくる．自殺理由は「健康問題」に続き，「経済・生活問題」が上位を占める．

心の病や悩みは，周囲の人々により理解されづらく，他者とのつながりが希薄化していると感知が難しい．身体が健康でも精神的問題を抱える高齢者は，非常に脆弱な立場に置かれる．

　また，心身が健康な場合も，一括りで考えてはならない．ジェンダー，セクシュアリティー，人種，民族，年齢，階層など，属性の交差地点で起きる差別や不利益を理解するため，いわゆるインターセクショナリティー（intersectionality）の視点も不可欠である．社会的公正を達成する際に，すべての人を救済できる唯一の解決策といったものは存在しない．高齢者の直面する社会福祉課題は，ますます複雑化しているのである．

　そこで登場するのが，アクティブエイジング（active aging）を基にした問題解決アプローチである．世界保健機構（WHO）（2002）によると，社会的，経済的，文化的，精神的，市民的な事柄への持続的な参加を意味するもので，身体的または労働面での活動を越える社会参加であると定義されている．定年退職や子どもの独立，友人の死亡などにより，社会とのつながりの維持が困難になる高齢者は多い．貧困や無保険，身寄りがないことや情報へのアクセス不足から社会参加が阻まれがちとなる．健康や寿命の格差といった不平等および人権問題を引き起こさないため，社会参加の機会を拡げることが重要となる．

　国連で採択された「持続可能な開発のための 2030 アジェンダ」でも，高齢者の人権に向けた効果的な取り組みにより，多様な差別に対処することが目標として掲げられている．高齢者の健康は，居住環境に 75% 左右されることから，社会参加を促す環境づくりは必須である．雇用，ボランティア・趣味・学習活動の促進，貧困予防のための所得保障，住宅や移動手段の確保など，総合的施策の強化を通じて，都市部の高齢者の健康とウェルビーイングを促進・維持することが急務である．加えて，子どもや障害者など多様な背景や年齢層向けの有効な計画も必要だろう．高齢者のみならず，多くの人々を対象にしたエイジフレンドリーな都市づくりが強く望まれる．

［陳　礼美］

あとがき

　本書は横浜市立大学国際教養学部都市学系の教員を主とする，文字通り多様な専門分野の研究者による「都市と暮らし」に関する論考集である．各分野の基本的な枠組みおよび知見から都市と暮らしについて捉え，その後，現在進行中である喫緊の問題や最先端の研究領域あるいはコロナ禍で生じているリアルタイムな諸課題まで言及している点に大きな特徴がある．本書は工学系や理学系といった自然科学系の研究者だけではなく，経済，地方自治，財政，観光，環境，福祉，開発等の各分野からも都市を捉えている．さらに都市に暮らす人々や事業者，地方公共団体，民間団体等も対象にした，いわゆる「ハード」だけではなく「ソフト」な側面からも捉えていることにも一定の意義が見い出せよう．

　各章の評価は読者諸兄に委ねるが，本書の刊行に至るまでの足跡を簡単に述べる．本学にあった国際都市学系（まちづくりコース，地域政策コース，グローバル協力コース）という組織が紆余曲折を経て，国際教養学系と統合し，2019 年度から国際教養学部（教養学系，都市学系）に改組された．その際，国際都市学系におけるまちづくりコースと地域政策コースが統合し，「都市学系」という 1 つの組織が誕生した．もちろん，表面的な組織の再編だけではなく，新学部ならびに新学系のディプロマシー，授業科目の設置，時間割等を両コースの強みや特性をいかんなく発揮できるように何度も長時間にわたる会議を実施した．その過程で都市学系配置の「都市と暮らし」という科目を都市学系の専任教員でオムニバスとして実施することが決まった．この科目は，都市学系の学生は全員履修することが勧められている．毎回の授業では各教員の自己紹介を兼ねた自身の専門分野の概要や，各専門分野から捉えた「都市と暮らし」に関する入門的な概説を行っている．時折，実務家として横浜市役所の方から横浜市という地域社会に関する市の施策の講演も賜っている．また，授業中にミニテストを実施し，学生に少しでも自

分ごととなるように考えてもらうように仕向けている．

　このような最中，都市学系の一部の教員から，この科目の内容を体系的に
まとめて本として出版する案が出された．また，学内の他の組織や教職員へ
本学系の特徴や教育の一部を示すこと，そして何よりも全国に同様に所在す
る「都市学」に関する他大学と本学系の相違や特色を明示するためにも，都
市学系の教員から本の出版に多くの賛同が得られた．

　一方，いざ本を出版するとしても，とりまとめの人選，出版の企画書の作
成，スケジュール管理，出版社の選定と交渉そして各教員の原稿執筆等が遅々
として進まなかった．都市学系会議でしばしば，議題に出されたが，通常業
務や新学部の設置に関する多忙な業務が重なり，時間だけが過ぎていった．
また，2019年12月に新型コロナウイルスが世界的に急激に拡散し，大学で
の授業や学内業務等の実施方法を対面からオンライン等に大きく転換するこ
とを余儀なくされた．その結果，ますます，原稿の執筆や本の刊行から遠の
いてしまった．しかしながら，何度も頓挫しかけたが，都市学系教員の新学
部新学系への想いそして何より初代国際教養学部副学部長（本書執筆時には
都市社会文化研究科長）の齊藤広子先生の強いリーダーシップにより，本書
が日の目を浴びることになった．有馬貴之先生にも出版社との窓口教員とし
てご足労頂いた．また，本書の作成時にご賛同頂いた国際教養学部教養学系
の一部の先生方からご自身の教育ならびに研究活動の一部をコラムとして取
りまとめて頂き，本書は一層，実りあるものになった．

　最後になったが，厳しい出版事情の中，出版を快諾して頂いた朝倉書店の
方々に深謝申し上げる．飛び込みでの出版の打診に始まり，その後の数度に
わたる協議，各章の原稿収集そしてスケジュール管理がなければ，本書を世
に問うことはできなかったであろう．あらためて御礼申し上げる．

　なお，本書の刊行にあたり，一般財団法人住総研から出版助成を受けてい
る．ここに感謝の意を示す．

執筆者の一人として

大島　誠

索引

サスティナブルな「都市と暮らし」を
科学する　　　　　　　　　定価はカバーに表示

2023 年 3 月 1 日　初版第 1 刷

編　者　横浜市立大学
　　　　国際教養学部都市学系

発行者　朝　倉　誠　造

発行所　株式
　　　　会社　朝　倉　書　店
　　　　東京都新宿区新小川町 6-29
　　　　郵 便 番 号　162-8707
　　　　電　話　03 (3260) 0141
　　　　F A X　03 (3260) 0180
　　　　https://www.asakura.co.jp

〈検印省略〉

© 2023〈無断複写・転載を禁ず〉　　　　新日本印刷・渡辺製本

ISBN 978-4-254-26178-3　C 3051　　Printed in Japan

東京都市大学都市生活学部編

都市イノベーション
―都市生活学の視点―

50032-5　C3030　　　　　A5判　212頁　本体3200円

都市生活学研究のパイオニア学部のスタッフが都市生活・まちづくりなどをわかりやすく解説。〔内容〕都市のライフスタイル（ブランディングなど）／マネジメント（公共空間など）／デザイン（空間生成など）／しくみ（都市再生など）／他

國學院大 西村幸夫・工学院大 野澤　康編

まちを読み解く
―景観・歴史・地域づくり―

26646-7　C3052　　　　　B5判　160頁　本体3200円

国内29カ所の特色ある地域を選び，その歴史，地形，生活などから，いかにしてそのまちを読み解くかを具体的に解説。地域づくりの調査実践における必携の書。〔内容〕大野村／釜石／大宮氷川参道／神楽坂／京浜臨海部／鞆の浦／佐賀市／他

JTB総研 髙松正人著

観光危機管理ハンドブック
―観光客と観光ビジネスを災害から守る―

50029-5　C3030　　　　　B5判　180頁　本体3400円

災害・事故等による観光危機に対する事前の備えと対応・復興等を豊富な実例とともに詳説する。〔内容〕観光危機管理とは／減災／備え／対応／復興／沖縄での観光危機管理／気仙沼市観光復興戦略づくり／世界レベルでの観光危機管理

北海道大学 森　傑編著

建築計画のリベラルアーツ
社会を読み解く12章

26650-4　C3052　　　　　B5判　160頁　本体3400円

建築計画学の知識を実社会で活かす際に必要となる教養的視野を広げるための教科書。新国立競技場の計画・設計の問題をはじめとして，建築関係者・市民両者にとって重要な12のテーマを解説し，現代的な論点を投げかける。

萩島　哲編著　太記祐一・黒瀬重幸・大貝　彰・
日髙圭一郎・鵤　心治・三島伸雄・佐藤誠治他著
シリーズ〈建築工学〉7

都　市　計　画

26877-5　C3352　　　　　B5判　152頁　本体3200円

わかりやすく解説した教科書。〔内容〕近代・現代の都市計画・都市デザイン／都市のフィジカルプラン・都市計画マスタープラン／まちづくり／都市の交通と環境／文化と景観／都市の環境計画と緑地・オープンスペース計画／歩行者空間／他

豊橋技科大 大貝　彰・豊橋技科大 宮田　譲・
阪大 青木伸一編著

都市・地域・環境概論
―持続可能な社会の創造に向けて―

26165-3　C3051　　　　　A5判　224頁　本体3200円

安全・安心な地域形成，低炭素社会の実現，地域活性化，生活サービス再編など，国土づくり・地域づくり・都市づくりが抱える課題は多様である。それらに対する方策のあるべき方向性，技術者が対処すべき課題を平易に解説するテキスト。

日本都市計画学会編

60プロジェクトに　よ　む 日本の都市づくり

26638-2　C3052　　　　　B5判　240頁　本体4300円

日本の都市づくり60年の歴史を戦後60年の歴史と重ねながら，その時々にどのような都市を構想し何を実現してきたかについて，60の主要プロジェクトを通して骨太に確認・評価しつつ，新たな時代に入ったこれからの都市づくりを展望する。

都立大 菊地俊夫・帝京大 有馬貴之編著
よくわかる観光学2

自然ツーリズム学

16648-4　C3326　　　　　A5判　184頁　本体2800円

多彩な要素からなる自然ツーリズムを様々な視点から解説する教科書。〔内容〕基礎編：地理学，生態学，環境学，情報学／実践編：エコツーリズム，ルーラルツーリズム，自然遺産，都市の緑地空間／応用編：環境保全，自然災害，地域計画

前千葉大 丸田頼一編

環　境　都　市　計　画　事　典

18018-3　C3540　　　　　A5判　536頁　本体18000円

様々な都市環境問題が存在する現在においては，都市活動を支える水や物質を循環的に利用し，エネルギーを効率的に利用するためのシステムを導入するとともに，都市の中に自然を保全・創出し生態系に準じたシステムを構築することにより，自立的・安定的な生態系循環を取り戻した都市，すなわち「環境都市」の構築が模索されている。本書は環境都市計画に関連する約250の重要事項について解説。〔内容〕環境都市構築の意義／市街地整備／道路緑化／老人福祉／環境税／他
